U0659369

普通高校本科计算机专业特色教材·算法与程序设计

数据结构及应用

张天驰 董子昊 韩瑞智 张菁 编著

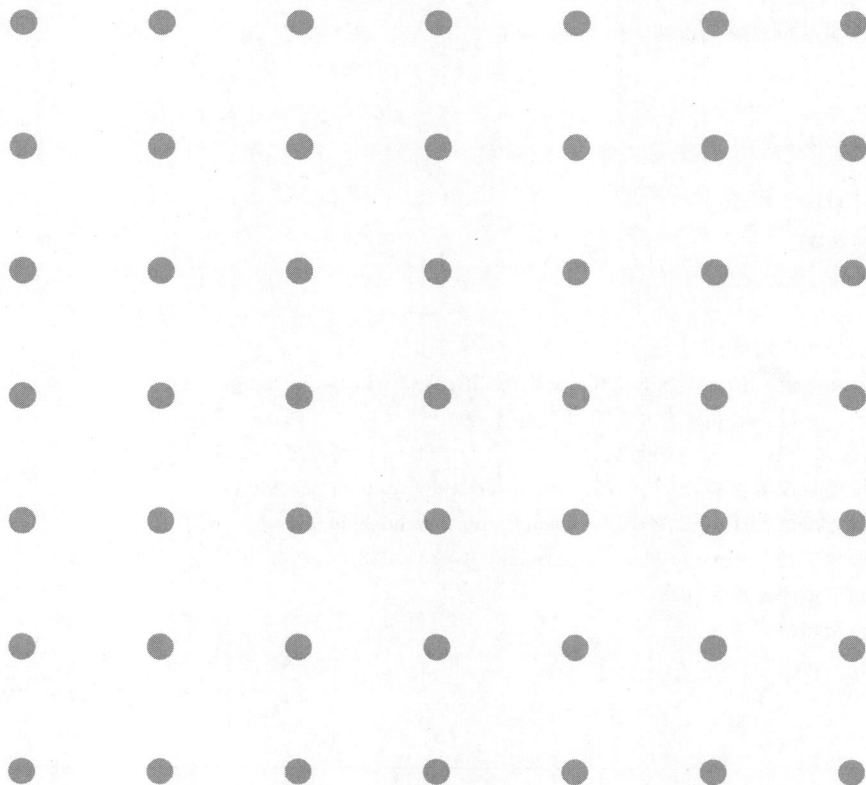

清华大学出版社
北京

内 容 简 介

本书共分为两篇,第 1 篇介绍数据结构的基础理论,第 2 篇给出数据结构的应用。第 1 篇基础理论包括第 1 章的基本概念,第 2～4 章的线性表、树和图的三种逻辑结构以及它们分别对应的顺序和链式的两种物理结构。第 2 篇是数据结构的应用,包括初阶和进阶两个应用,都集中在第 5 章。初阶应用介绍的是排序、查找等内容,进阶应用给出的是旅行商、外卖或快递等路径规划的人工智能算法。

这样安排章节的目的是希望帮助读者能够快速地区分哪些内容是数据结构的基础理论,哪些是基础理论的应用;帮助读者分清内容的主次关系和重要程度,便于按照各自的需求选择学习和阅读的内容。

本书适合作为普通高等学校的专业教材,也可作为各类研究人员、公司技术人员以及本领域的工作人员的参考用书。

版权所有,侵权必究。举报:010-62782989,beiqinquan@tup.tsinghua.edu.cn。

图书在版编目(CIP)数据

数据结构及应用 / 张天驰等编著. -- 北京:清华大学出版社,2025.5.
(普通高校本科计算机专业特色教材). -- ISBN 978-7-302-69409-0
Ⅰ. TP311.12
中国国家版本馆 CIP 数据核字第 2025N87611 号

责任编辑:袁勤勇 薛 阳
封面设计:傅瑞学
责任校对:韩天竹
责任印制:曹婉颖

出版发行:清华大学出版社
　　　　网　　　址:https://www.tup.com.cn,https://www.wqxuetang.com
　　　　地　　　址:北京清华大学学研大厦 A 座　　　邮　　编:100084
　　　　社　总　机:010-83470000　　　　　　　　　邮　　购:010-62786544
　　　　投稿与读者服务:010-62776969,c-service@tup.tsinghua.edu.cn
　　　　质量反馈:010-62772015,zhiliang@tup.tsinghua.edu.cn
　　　　课件下载:https://www.tup.com.cn,010-83470236
印 装 者:北京鑫海金澳胶印有限公司
经　　销:全国新华书店
开　　本:185mm×260mm　　　印　　张:8　　　字　　数:193 千字
版　　次:2025 年 7 月第 1 版　　　　　　　印　　次:2025 年 7 月第 1 次印刷
定　　价:39.00 元

产品编号:101360-01

出版说明

INTRODUCTION

我国高等学校计算机教育近年来发展迅猛，应用所学计算机知识解决实际问题，已经成为当代大学生的必备能力。

时代的进步与社会的发展对高等学校计算机教育的质量提出了更高、更新的要求。现在，很多高等学校都在积极探索符合自身特点的教学模式，涌现出一大批非常优秀的精品课程。

为了适应社会需求，满足计算机教育的发展需要，清华大学出版社在大量调查研究的基础上，组织编写了本套教材。我们从全国各高校的优秀计算机教材中精挑细选了一批很有代表性且特色鲜明的计算机精品教材，把作者对各自所授计算机课程的独特理解和先进经验推荐给全国师生。

本套教材特点如下。

（1）编写目的明确。本套教材主要面向普通高校的计算机专业学生。学生通过本套教材，学习计算机科学与技术方面的基本理论和基本知识，接受应用计算机解决实际问题的基本训练。

（2）注重编写理念。本套教材的作者均为各校相应课程的主讲教师，有一定的经验积累，且编写思路清晰，有独特的教学思路和指导思想，其教学经验具有推广价值。

（3）理论与实践相结合。本套教材贯彻"从实践中来，到实践中去"的原则，书中许多必须掌握的理论都将结合实例讲述，同时注重培养学生分析、解决问题的能力。

（4）易教易用，合理适当。本套教材编写时注意结合教学实际的课时数，把握教材的篇幅。同时，对一些知识点按照教育部高等学校计算机类专业教学指导委员会的最新精神进行合理取舍与难度控制。

（5）注重教材的立体化配套。 大多数教材都将配套教学课件、习题及其解答、实验指导、教学网站等辅助教学资源，方便教学。

随着本套教材的陆续出版，我们相信本套教材能够得到广大读者的认可和支持，为我国计算机教材建设和计算机教学水平的提高，以及计算机教育事业的发展做出应有的贡献。

清华大学出版社

前 言

FOREWORD

其实，想写数据结构教材很多年了，一直没找到合适的契机。 我想写一本计算机专业的学生自学都能看懂的专业书。 希望看完这本书，当别人问数据结构这门专业基础课的内容、解决什么问题以及"数据结构"的概念时，读者能如数家珍，不是背出概念和会几个算法，而是真正明白数据结构对于计算机专业人士的理论和实践应用的专业支撑作用。 在我们这么多年的教学过程中说不清楚"数据结构"概念的事，很多！ 本书将通过全新的基础理论和应用两部分的划分，把上述问题阐述清楚。 共设置 5 章的内容，分别是：介绍概念的绪论、线性数据结构、树状数据结构、图状或网状数据结构以及数据结构的应用。 其中，数据结构的应用包括排序、查找等初级应用以及和数据结构内容相关的旅行商问题等人工智能算法。

本书编者的分工是：张天驰负责撰写和执笔全书的内容，张菁负责全书内容的修改和定稿工作，董子昊负责全书的资料搜集和第 5 章部分内容的撰写工作，韩瑞智负责第 5 章部分资料的搜集工作。

感谢清华大学出版社，感谢重庆交通大学信息科学与工程学院杨建喜院长的支持。 此外，还要感谢张菁和张天驰所主持的国家自然科学基金项目（52171310）和国家自然科学基金青年基金项目（52001039）的支持。 最后，感谢广大读者给我们机会让这本书与你们见面，希望不辜负你们的期望，如果能够给你们惊喜就是我们最大的荣幸！再一次谢谢大家！

编 者

2025 年 2 月

目 录

CONTENTS

第1篇　数据结构算法篇

第 2 篇　数据结构应用篇

第1篇

数据结构算法篇

第 **1** 章 绪 论

CHAPTER

作者寄语：每章的开篇都会有内容摘要、本章的重点和难点、关键词以及导读手册等先导内容。这样设计是希望读者在打开本书的时候能够清晰、简洁和快速地找到要读的内容。作者寄语是作者想和读者说的话；内容摘要介绍的是本章的主要内容和它们之间的关系；本章的重点和难点是读者必会的内容；关键词是本章的主要概念；导读手册提示读者本章必考的知识点。

内容摘要：本章主要介绍数据结构的概念和数据结构的定义，还介绍了算法的概念以及算法的评价参数。

本章的重点和难点：数据的逻辑结构和物理结构的定义方法。

关键词：数据的逻辑结构；数据的物理结构；算法的时间复杂度。

导读手册：考试重点是算法时间复杂度的计算。

1.1 数据结构的概念

自然和社会生活中的各种信息存在计算机中就被称为数据，数据的种类有数值、字符、表格和图像等。计算机为了更好地存储、加工和处理这些数据就要在数据存储的时候给数据设计各种存储结构，这就是数据结构这门专业基础课的由来。在合理的数据结构的基础上，设计加工和处理这些数据的算法，进而通过程序实现这些算法，就完成了计算机解决具体的自然和社会生活中各种问题的全过程，即信息→数据→数据结构→算法→程序，相关概念的定义如下。

- 信息：自然和社会生活中的各种东西都被称为信息。
- 数据：把信息存在计算机中就被称为数据。
- 数据结构：数据在计算机中的存储方式被称为数据结构。
- 算法：对某个数据进行处理的过程或步骤的描述叫算法，对某类数据用公式或数学符号进行描述叫模型。
- 程序：算法转换成在计算机中能被执行或运行的代码叫程序。

上述概念之间的关系是：信息存在于计算机中就成为数据，算法写成计算机可执行代码的形式就成为程序。数据结构研究的是数据的存储结构，它是介于数据和算法之间的桥梁，将数据按照一定的方式进行存储，然后通过算法对数据进行加工和处理。

根据数据之间的关系特点，数据结构有以下三种基本类型。

- 线性结构：数据之间存在一对一的关系。
- 树状结构：数据之间存在一对多的关系。
- 图状或网状结构：数据之间存在多对多的关系。

数据结构的类型如图 1.1 所示。

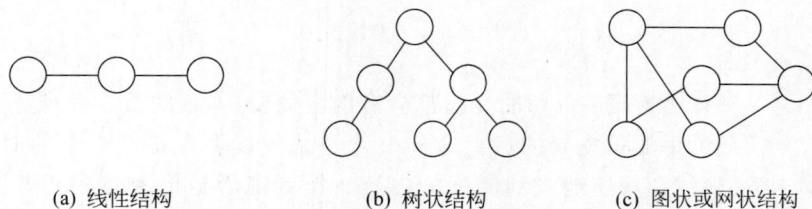

(a) 线性结构　　　　　　(b) 树状结构　　　　　　(c) 图状或网状结构

图 1.1　三种基本的数据结构类型

三种数据结构对应的示例问题有：线性结构的班级名单、树状结构的家谱和图状结构的学校部门，如图 1.2 所示。

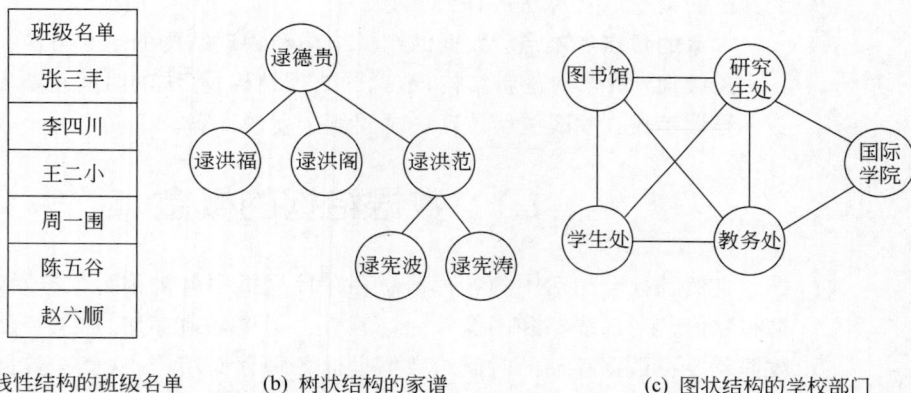

(a) 线性结构的班级名单　　　　(b) 树状结构的家谱　　　　(c) 图状结构的学校部门

图 1.2　三种数据结构对应的问题

1.2　数据结构的定义

数据结构的定义是对数据之间的关系和存储方式的描述，包括数据的逻辑结构的定义和数据的物理结构的定义。数据的任何一种逻辑结构都对应着一种或者两种物理存储结构。

1.2.1　数据的逻辑结构

数据逻辑结构的定义：数据和数据之间的关系可以用数据集合和集合中元素之间的关系来表示，可表示为一个二元组：LS=(D,R)。其中，LS 是 Logical Structure(逻辑结构)的缩写，D 是数据元素的集合，R 是数据元素之间关系的集合。例如，字母表的线性数据结构可以写成 List=(D,R)，其中，$D=\{A,B,C,D\}$，$R=\{<A,B>,<B,C>,<C,D>\}$。用图来表示它们之间的逻辑关系，如图 1.3 所示。

图 1.3　线性表的逻辑关系图

1.2.2　数据的物理结构

数据的物理结构描述的是数据存放的地址，数据的地址可以是连续的，也可以是不连续的。数据的逻辑结构相连且物理存储地址也相邻的被称为顺序存储；反之，数据的逻辑结构相连但物理地址可以不相邻的被称为链式存储。顺序存储常用数组来实现，链式存储则用链表来实现。由于链表的物理地址不相邻，为了表示数据逻辑关系相连，存储时逻辑相连的数据之间用指针进行连接。字母表的顺序存储如图 1.4(a)所示，链式存储如图 1.4(b)所示。

(a) 字母表的顺序存储结构　　(b) 线性表的链式存储结构

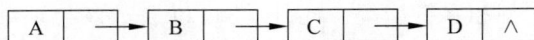

图 1.4　线性表的两种物理结构

总之，数据结构包括三种逻辑结构和两种物理结构。三种逻辑结构分别是线性结构、树状结构、图状或网状结构。两种物理结构是顺序结构和链式结构，具体如图 1.5 所示。

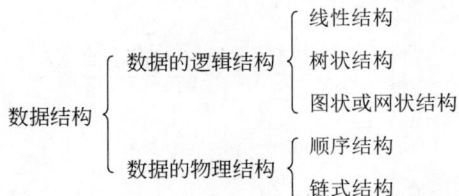

图 1.5　数据的逻辑结构和物理结构

每种逻辑结构都可以有两种物理结构的存储形式。因此，数据的逻辑结构和物理结构就有 6 种排列组合形式：线性结构的顺序存储、线性结构的链式存储、树状结构的顺序存储、树状结构的链式存储、网状结构的顺序存储和网状结构的链式存储。

1.2.3 数据结构的定义

数据结构的定义包括数据的逻辑结构的定义和物理结构的定义两部分。数据的逻辑结构定义给出的是数据的名称和数据之间的关系，物理结构定义给出的是数据类型和它的存储方式。

数据的逻辑结构可以用一个二元组来定义：ADT DR $=(D,R)$，其中，ADT（Abstract Data Type）表示定义的是数据的逻辑结构，DR 是数据的逻辑结构名，D 表示的是数据元素的集合，R 是数据元素之间的逻辑关系集合。

逻辑结构的定义：

ADT 逻辑结构名{
  数据集合：D，
  数据关系：R}

例如，字母表 Letter 的逻辑结构的定义可以表示为

ADT Letter {
  $D = \{L_1, L_2 \mid L_1, L_2 \in \text{Letter set}\}$，
  $R = \{<L_1, L_2> \mid L_1$ 是排在字母 L_2 前面的字母$\}$
}

数据物理结构的定义用的是 typedef structure（ElemType D），其中，typedef structure 的意思是物理结构定义，D 是数据元素名，ElemType 是数据类型，一般包括整型、实型、布尔型和字符型等。此外，还可以通过该物理结构定义新的数据类型，也叫结构型。

物理结构的定义：

typedef structure {
  数据类型 数据元素名 1；
  数据类型 数据元素名 2；
  ……；
}物理结构名；

例如，字母表 Letter 对应的物理结构的定义为

typedef structure {
  char L_1；
  char L_2；
}Letter；

数据逻辑结构和物理结构的定义在格式上的区别是：①结构定义的关键词不同，逻辑结构定义的关键词是 ADT，而物理结构定义的关键词是 typedef structure；②结构定义的名称的位置不同，数据逻辑结构名在定义格式的第一行，在关键词 **ADT** 之后，而数据物理结构名则在关键词 typedef structure 后或者在定义的最后一行；③逻辑结构强调的

是数据名和数据之间的关系,物理结构关注的是数据的类型。

总之,把信息输入计算机中是为了对数据进行存储和处理,那么,定义了数据存储中数据的逻辑结构和物理结构以后,对数据处理的具体操作过程或步骤的描述就是算法。算法转成在计算中能够运行的或可执行的代码就是程序。数据的逻辑结构的定义存在于算法中,物理结构的定义则在程序中。算法在计算机中不可执行,但是程序可以被运行。数据结构定义之后,就要设计对数据处理过程或步骤进行描述的算法,算法设计得好,由算法转换为程序,执行并完成对数据的处理就是水到渠成的事。

1.3 算　　法

本节首先介绍算法的概念和特征,然后阐述算法的两个重要的评价指标——时间复杂度和空间复杂度,其中,时间复杂度是考试必考的内容。

1.3.1　算法的概念

算法是对数据处理过程或步骤的描述。算法的描述方式有三种:①用文字来描述的算法;②用不完整的、不能执行的程序函数——伪代码来写算法;③用程序代码片段来表示算法。本章的算法用的是第三种——代码片段来写的,在后续章节中,本书采用算法的另外两种形式:文字描述的算法和伪代码书写的算法。

算法的内容包括数据结构的定义和对数据的操作。数据结构的定义有数据逻辑结构的定义和数据物理结构的定义。一般算法中,常定义数据的逻辑结构,而物理结构的定义则出现在程序中。算法中对数据的操作也包括两种:一个是对数据逻辑结构上的操作,另一个是对数据物理存储结构上的操作。一般算法中不会特别指出哪个是数据逻辑结构的操作,哪个是物理结构的操作。但是针对数据之间前后顺序等关系上的操作是逻辑结构的操作,针对数据存储地址等的操作是数据物理结构上的操作。

算法的特征是:有穷性、确定性和可行性。

- **有穷性**:算法的操作必须在有限的时间和有穷的步骤内结束。
- **确定性**:除了最后的步骤以外,算法中每一个步骤都对应唯一的下一个步骤,也就是说,算法中的操作不能有二义性或歧义。
- **可行性**:算法中的所有操作步骤都可以转换成代码,通过程序来运行和实现。

算法的效率高低是由算法的评价参数决定的。

1.3.2　算法的评价参数

一个算法如果能够占用尽量少的空间,以尽快的速度完成所有的操作步骤,那么算法的效率就是高的。所以,算法的评价参数有时间复杂度与空间复杂度。

1. 时间复杂度

算法是由一条条操作命令组成的。每条操作命令本身占用时间的长短的区别不是很大,区别大的地方在于操作被重复的次数。如果一条操作被不断地循环和重复,那么一条操作所占用的时间就相当于很多条的操作。因此,衡量一个算法的效率,主要看占大多数时间的循环命令操作的次数。循环次数越多,时间复杂度的值越大,算法的效率越低。即时间复杂度表示的是算法操作的频度的值。算法时间复杂度分为粗略计算和精确计算两种,具体如下所述。

(1) 时间复杂度的粗略计算。

粗略计算的时间复杂度主要计算循环的次数。时间复杂度可以表示为 $T(n)=O(f(n))$。其中,$f(n)$ 表示操作命令的次数 n 的函数,$O(f(n))$ 的意思是算法的时间复杂度是 n 的函数这个数量级。时间复杂度衡量的不是绝对的精确的具体时间的值,计算的是主要操作命令的次数。在不能计算出具体操作次数时,可以用操作的平均次数或者最坏情况下操作次数的数量级来表示。即时间复杂度表示的不是绝对的时间值,它与软硬件环境无关,只与算法中操作的次数有关。

例 1.1 时间复杂度 $O(n)$

```
void sort(int a[],int c[],int n)
{   c[i]=0;
    for( i=1; i<n; i++) {
        c[i]=c[i]+a[i];}
}
```

由于算法时间复杂度是计算主要操作的次数。此例算法中只有一个循环,操作次数是 n,因此,该算法的时间复杂度为 $O(n)$。

注意:因为每次循环,循环变量 i 都加 1,所以计算循环的次数就是循环变量的最大值。

例 1.2 时间复杂度 $O(n^2)$

```
void sort(int a[], int n)
{
    for( i=1; i<n; i++) {
        for( j=i; j<i; j++)
        if(a[i]<a[j]) { w=a[j]; a[j]=a[i]; a[i]=w;}
}
```

该算法的操作是将数组 a 中的值按照从小到大的顺序进行排列。计算算法的时间复杂度是 $n\times(n-1)=n^2-n$,粗略计算取时间复杂度的数量级,因此,算法的时间复杂度是 $O(n^2)$。

注意:当循环次数是表达式时,则用数量级作为算法的时间复杂度。

例 1.3 时间复杂度 $O(n^3)$

```
void matrix(int c[][],int a[][],int b[][],int n)
{
    for(i=1; i<=n; ++i)
        for(j=1; j<=n; ++j) {
            c[i,j]=0;
            for(r=1; r<=n; ++r)
```

```
        c[i,j]=c[i,j]+a[i,r]*b[r,j];
    }
}
```

该算法包括三层循环,每层循环的次数都是 n,所以该算法的时间复杂度是 $O(n^3)$。如果将上述算法的三层循环次数分别改成 $i<=m$,$j<=n$ 和 $r<=k$,则修改后的时间复杂度为 $O(m*n*k)$。

注意:能计算具体的循环次数时,要用具体值来表示算法的时间复杂度。

例 1.4 时间复杂度 $O(\log n)$

```
int i = 1;
while(i<n)
{ i = i * 2; }
```

从本例可以看出,在 while 循环体内,每次都将循环变量 i 乘以 2,循环变量 i 的值是倍数增加的。假设循环 x 次之后,i 就大于或等于 n 退出循环了,即 2 的 x 次方等于 n,那么 $x=\log_2 n$。当循环 $\log_2 n$ 次以后,这个循环就结束了,因此该算法的时间复杂度为 $O(\log n)$。

注意:当循环时,循环变量不是每次加 1,而是倍数或者其他方式改变时,循环次数的计算就不是取循环变量的最大值,而是视具体情况而定。

如果例 1.4 的算法外面再套一层循环,变为

```
for(m=1; m<n; m++),
{   i = 1;
    while(i<n)
    { i = i * 2; }
}
```

该算法是将时间复杂度为 $O(\log n)$ 的操作又循环 n 遍,那么它的时间复杂度就是 $n\times O(\log n)$,也就是 $O(n\log n)$。

(2) 时间复杂度的精确计算。

精确的算法时间复杂度的计算方法是:算法操作的频度乘以操作的概率。假设在第 i 个元素之前插入一个元素的概率为 P_i,在长度 $L.length$ 为 n 的线性表中插入一个元素所需要移动的元素次数是 $n-i+1$,那么,算法精确计算的时间复杂度 $f(n)$ 为

$$f(n)=\sum_{i=1}^{n+1}P_i(n-i+1)$$

假如每个位置元素插入的概率相同,即 $P_i=\dfrac{1}{n+1}$,

$$f(n)=\frac{1}{n+1}\sum_{i=1}^{n+1}(n-i+1)=\frac{1}{n+1}\times\frac{n(n+1)}{2}=\frac{n}{2}$$

时间复杂度为 $O\left(\dfrac{n}{2}\right)$,取时间复杂度的数量级,则可以简化为 $O(n)$。

总之,算法的时间复杂度取决于所有循环体里操作的重复次数。当能算出重复次数

的具体值时,如例 1.1、例 1.3 和例 1.4,则用次数的具体值 $O(n)$、$O(n^3)$、$O(m*n*k)$、$O(\log n)$ 和 $O(n\log n)$ 作为该算法的时间复杂度。当次数的值是一个表达式时,则用该数量级的最大值来简化时间复杂度,如例 1.2 的 $O(n^2-n)$ 被简化为 $O(n^2)$,还有上述精确计算的时间复杂度 $O\left(\dfrac{n}{2}\right)$ 简化为 $O(n)$。

2. 空间复杂度

算法的空间复杂度是指算法操作所需的最大存储空间。空间复杂度可以表示为 $S(n)=O(g(n))$,$g(n)$ 表示占用空间数量的函数,具体包括输入数据所占空间、算法本身所占空间和辅助变量所占空间。输入数据所占空间和算法无关,只和问题本身的规模有关,因此在算法比较时可以不考虑。不同算法本身所占空间一般不会有数量级的差别,因此在比较算法时,算法本身所占空间也可以忽略。因此,在计算空间复杂度时,只需要考虑除输入数据和算法本身之外的空间——辅助变量所占空间。如算法例 1.1～例 1.4 的空间复杂度均为 $O(1)$,因为这 4 个算法所需辅助空间都只是若干简单变量,这类简单变量相当于常量。

小　　结

本章介绍了数据结构的概念,数据的逻辑结构和物理结构的定义,对数据进行操作的算法以及算法的评价指标——时间复杂度和空间复杂度。

第 2 章 线性数据结构

CHAPTER

本章摘要：本章讲述数据的三种逻辑结构中的第一种：线性逻辑结构。线性逻辑结构包括三种类型：线性表、栈和队列。和线性逻辑结构对应的物理存储结构有两种，分别是顺序存储和链式存储。线性表的顺序存储被简称为顺序表，线性表的链式存储简称为链表，以此类推，还有顺序栈、链栈、顺序队列和链队列。

重点内容和关键词：链表、栈和队列。

导读手册：2.1 节阐述的是顺序表的结构定义、插入和删除等算法；链表的结构定义、插入和删除等算法将在 2.2 节介绍；2.3 节讲述栈的数据结构定义、操作与算法；2.4 节则给出队列的数据结构定义、操作与算法。

2.1 顺 序 表

本节包括顺序表的逻辑结构和物理结构的定义，顺序表的插入和删除等操作的算法。

2.1.1 顺序表逻辑和物理结构的定义

线性结构就是数据元素的有序（次序）集合，即数据元素之间存在一前一后或者叫前驱和后继的次序关系。线性表逻辑结构的特点是：除第一个数据元素，每个元素都只有唯一的一个前驱；除最后一个数据元素，每个元素都有唯一的一个后继。线性表因为物理存储结构的不同而被分别命名为顺序表和链表。链表的物理存储是链式结构，而顺序表的物理结构是以数组的形式存储的线性表。顺序表是用一组地址连续的存储单元依逻辑次序存储线性表中的各个元素。顺序表能使得线性表中在逻辑结构上相邻的数据元素物理存储也在相邻的存储单元中。即顺序表的逻辑结构和物理结构是一一对应的，逻辑相连的数据物理存储地址也相邻。

顺序表的逻辑结构的定义：

ADT List {

$$D = \{a_i, a_{i+1} \mid a_i, a_{i+1} \in 字符集合\},$$

$$R = \{<a_i, a_{i+1}> \mid a_i \text{ 是排在 } a_{i+1} \text{ 前面的一个字符}\}$$

}

顺序表是由一组元素组成的，元素之间是一前一后成对出现的线性对，例如：a_i 和 a_{i+1} 是顺序表中相邻的线性对元素。根据顺序表的逻辑结构定义，该顺序表的逻辑结构的名称为 List。

顺序表中，第 i 个元素的存储地址可以表示为 $\text{LOC}(a_i) = \text{LOC}(a_1) + (i-1)l$，其中，$l$ 为每个数据元素占用的存储空间。在图 2.1 中，第 1 个数据元素的存储地址为 $\text{LOC}(a_1) = k$，那么，第 i 个元素的地址则为 $\text{LOC}(a_i) = k + (i-1)l$。

地址	数组序号	元素
k	[0]	a_1
$k+l$	[1]	a_2
$k+2l$	[2]	a_3
		…
$k+(i-1)l$	[i-1]	a_i
		…
$k+(n-1)l$	[n-1]	a_n

图 2.1　线性表的顺序存储

顺序表的物理结构的定义：

```
typedef structure{
        ElemType * elem;
        int length;
        int listsize;
        int incrementsize;
        }SqList;
```

顺序表的物理存储的名字叫 SqList，ElemType 是数据元素的类型，这里表示一维数组中数据元素的地址，length 是线性表的长度，listsize 是线性表所占物理空间的大小，而 incrementsize 是每次增加空间的量。

顺序表的特点是：通过元素所在位置的序号就能够计算出该位置元素的物理存储地址。对顺序表的操作一般包括顺序表的初始化、数据元素的插入和删除等。

2.1.2　顺序表的操作与算法

描述操作过程和步骤的算法一般有两种表示形式：文字描述的算法和伪代码写的算法。接下来，分别用文字和伪代码来介绍顺序表的初始化、数据元素的插入和删除等算法。

1. 顺序表的初始化算法

顺序表一般可用一维数组来构造和实现。顺序表初始化的功能是构造一个空表,包括分配顺序表元素的存储空间、设置表的初始长度及可用的初始空间。

文字描述的顺序表初始化算法:

步骤 1:构造一个空的线性表;

步骤 2:分配线性表元素的存储空间;

步骤 3:如果存储空间分配成功,执行步骤 4;否则,转向步骤 5;

步骤 4:设置空表长度为 0,设置线性表存储空间长度;

步骤 5:算法结束。

伪代码描述的顺序表初始化算法:

```
Status InitList_Sq(SqList &L)
{ L=malloc(sizeof(int))
  L.elem= (ElemType *)malloc(LIST_INIT_SIZE * sizeof(ElemType));
  if(!L.elem) exit(OVERFLOW);
  L.length=0;
  L.listsize= LIST_INIT_SIZE;
  return OK;
}
```

其中,$L=$ malloc(sizeof(int))中的 malloc 是分配存储空间函数,这里是给顺序表 L 分配存储空间;int 表示存储空间是整型类型,sizeof 是指分配空间的大小。$L.$elem $=$ (ElemType *) malloc (LIST_INIT_SIZE * sizeof(ElemType))是分配顺序表内数据元素 $L.$elem 的存储空间,即用元素的个数 LIST_INIT_SIZE 乘以单个数据元素占用的空间 sizeof(ElemType)来表示,ElemType 是元素的数据类型,(ElemType *)表示分配空间函数 malloc(LIST_INIT_SIZE * sizeof (ElemType))返回的存储地址的指针类型被转换成数据元素类型 ElemType。

2. 顺序表的插入算法

如果要在顺序表 L 的第 i 个位置上插入一个新的数据元素 e,那么就要从第 i 个元素开始逐一向后移动一个位置,把第 i 个位置空出来,表的总长度加 1。

文字描述的顺序表插入算法:

步骤 1:判断插入位置 i 是否在顺序表第一个元素前面和最后一个元素后面的位置,即 $1 \leqslant i \leqslant$ 表长 $+1$ 这个合理范围内。

步骤 2:判断表的存储空间是否是满的且等于表长,如果是则分配新的空间。

步骤 3:从表中最后一个元素 n 开始依次后移,直到第 i 个元素为止。

步骤 4:将新元素 e 插入第 i 个位置,顺序表长度增加 1。

步骤 5:算法结束。

伪代码描述的顺序表插入算法:

```
Status ListInsert_Sq(SqList &L, int i, ElemType e)
{if (i<1 || i>L.length+1) return ERROR;
```

```
    if (L.length>=L.listsize)
        {newbase= (ElemType * ) realloc(L.elem, (L.listsize+ LISTINCREMENT) sizeof
(ElemType));
        if(!newbase)exit(OVERFLOW);
        L.elem=newbase;
        L.listsize+= LISTINCREMENT;
        }
    q=&(L.elem[i-1]);
    for (p=&(L.elem[L.length-1]) ; p>=q ; --p)
        * (p+1) = * p;
    * q=e;
    ++L.length;
    return OK;
}
```

注意：if（i＜1 ‖ i＞L.length＋1）**这里指插入第** i **个元素的取值范围是：在表中第一个元素至最后一个元素后面一个位置之间插入数据元素**。最后一个元素 n 就是表长 $L.length$，但在数组中最后一个元素 n 的位置是$[L.length-1]$，元素序号和数组地址序号相差 1，因为数组的序号是从 0 开始的。第 i 个元素在数组中的序号是 $L.elem[i-1]$，在数组中的地址是 $\&L.elem[i-1]$，$\&$ 是取地址符号，意思是取数组 $L.elem[i-1]$ 的地址，$*p$ 和 $*q$ 是指向地址的指针。

插入算法的启示：插入的代码 **$*q=e$**，在插入算法中是最后面的操作。因为插入操作之前，要先对操作的合理性进行判断。合理性的判断就是要把操作前和操作中需满足的条件考虑全面，例如，插入操作前，要判断插入位置的合理性和是否有存储空间的合理性，即算法中两个 if 条件语句判断；元素插入时，还要判断是否有空位置的合理性，如果没有，就要移出空位后才能插入，即算法中 for 循环语句的作用。

插入算法的效率：

评价算法的效率一般是指算法的时间复杂度。在第 i 个元素之前插入一个元素的概率为 P_i，在长度为 n 的线性表中插入一个元素所需要移动的元素次数是 $n-i+1$，则插入算法的时间复杂度函数是

$$f(n)=\sum_{i=1}^{n+1}P_i(n-i+1)$$

假设插入的概率相同，那么：

$$P_i=\frac{1}{n+1}$$

$$f(n)=\frac{1}{n+1}\sum_{i=1}^{n+1}(n-i+1)=\frac{n}{2}$$

算法的时间复杂度为

$$O\left(f(n)=\frac{n}{2}\right)可以简化为 O(n)$$

在顺序表中插入一个元素，平均要移动表中一半的元素；当在表中第一个位置插入元

素时,则需要移动整个表长:n 个元素。

3. 顺序表的删除算法

在顺序表 L 中删除第 i 个元素,将元素的值放入 e,并将第 $i+1$ 至表长第 n 个元素逐一向前移动一个位置。

文字描述的删除算法:

步骤 1:判断删除元素 i 值的合理性,其值应该在 $1 \leqslant i \leqslant n$ 的范围。

步骤 2:删除第 i 个元素,并将其值存到 e 中。

步骤 3:将第 $i+1$ 至第 n 个元素依次前移。

步骤 4:表的长度减 1。

步骤 5:算法结束。

伪代码描述的删除算法:

```
Status ListDelete_Sq(SqList &L, int i, ElemType &e )
{
    if (i<1 || i>L.length) return ERROR;
    p=&(L.elem[i-1]);
    e= * p;
    q= &L.elem[L.length-1];
    for (++p; p<=q ; ++p)
      * (p-1)= * p;
    --L.length;
    return OK;
}
```

注意:一维数组的序号是从 0 开始的,所以删除第 i 个元素,实际上,在数组中删除的是第 $i-1$ 位置的元素,所以删除元素的地址为 $p = \&(L.\mathrm{elem}[i-1])$。同理,最后一个元素 n 在数组中的地址为 $q = \&L.\mathrm{elem}[L.\mathrm{length}-1]$。

删除算法的启示:删除操作之前,要先进行操作合理性的判断。首先判断删除的数据元素是否在表中。**删除表中元素的取值范围是在第一个元素和最后一个元素(表长)之间,即在这个范围内 if ($i<1$ $\parallel$ $i>$L.length)序号的元素都不合理**。这里的 i 指的是第 i 个数据元素,是数据的逻辑结构的序号;而数组 $L.\mathrm{elem}[i-1]$ 则是第 i 个数据元素在数组中的位置,指的是数据物理存储的地址序号,二者相差 1,因为数组的起始地址是从 0 开始。**所以算法操作包括对数据逻辑结构和物理结构两部分的操作**。

删除算法的时间复杂度:

p_i 是删除第 i 个元素的概率,在长度为 n 的线性表中删除一个元素所需移动元素的平均次数为

$$f(n) = \sum_{i=1}^{n} P_i(n-i)$$

$p_i = \dfrac{1}{n}$,即认为删除任何一个元素的概率相同,则:

$$f(n) = \frac{1}{n} \sum_{i=1}^{n} (n-i) = \frac{n-1}{2}$$

所以删除算法的时间复杂度为 $O(f(n)) = O(n)$。

在顺序表中删除一个元素需要平均移动表中一半的元素,当 n 为第一个元素时需要移动表的全部元素,效率很低。

线性表的顺序存储的优缺点如下。

优点:逻辑相邻的数据元素物理存储地址也相连,但是二者的序号相差 1;随机查找或提取元素的值容易;存储空间连成一片。

缺点:插入、删除操作需要移动大量的数据元素,算法运行效率低;预先分配一片连续的空间,表容量难以扩充,碎片空间利用不充分。

为了克服线性表顺序存储结构对碎片化空间利用不足的缺点,就引出 2.2 节——线性表的链式存储结构。

2.2 链　　表

链式结构能实现逻辑关系相邻的数据元素对应的物理存储空间不相连,从而利用物理地址不连续的碎片化空间。为了表示逻辑相邻,链式存储需要用指针将空间地址不相邻的存储单元连接起来。因此,链式存储中每个数据元素要用两个域来描述:一个是数据域 Data,存储数据本身的信息,例如,数据的名称、数据的值等,另一个是指针域 Pointer,指向与该数据逻辑相邻的另一个数据元素。用两个域表示的数据元素还被称为结点,如图 2.2(a) 所示。

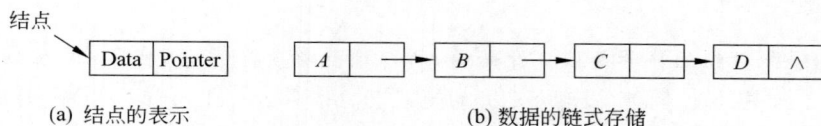

(a) 结点的表示　　　　　　　　(b) 数据的链式存储

图 2.2　结点的表示

线性表的链式存储又叫链表,链表就是由一个个结点连接而成的,如图 2.2(b) 所示。在图 2.2 链式存储中,逻辑相邻的结点 A、B、C 和 D 可以通过指针 Pointer 连接到该相邻的结点(也叫后继结点)。符号"$\wedge$"是空的意思,与 null 等价,表示指针指向的后继结点是不存在的。

2.2.1　链表的定义

链表的定义包括链表的逻辑结构的定义和物理结构的定义。链表的种类有单链表、双向链表和循环链表。单链表是指链表中的每一个结点中除了数据域之外只包含一个指针域,双向链表是每个结点包括一个数据域和两个指针域。循环链表最后一个结点的指针指向头结点,链表形成一个闭环。

链表的逻辑结构的定义和顺序表相同,物理结构定义是不同的。顺序表的物理结构名是 SqList,而单链表结点的物理结构名是 LNode,单链表的物理结构名称是 LinkList。

定义了单链表中结点的物理结构,那么单链表的物理结构就是多个结点 LNode 通过指针连接而成 * LinkList。

单链表的物理结构定义:

```
typedef struct LNode {
                    ElemType   data;
                    struct LNode   * next;
              }LNode, * LinkList;
```

每个单链表中每个结点都包含两个域:一个是数据域 data,其数据类型由存储的数据元素的类型决定,数据元素的类型一般写成 ElemType(具体实例时可以被替换成整型、字符型等);另一个域是指针域 * next,该指针指向的是与该结点相连的下一个(后继)结点,其数据类型是结点的类型 LNode。

单链表在使用的时候,一般在单链表的第一个结点之前设置一个头结点,头结点的数据域为空,指针域指向链表中的第一个结点。设置头结点的目的是指示单链表的起始点,单链表指针的方向是从头结点指向后继结点;所以对单链表的操作也是从头结点开始的,例如,寻找链表中的某个结点要从头结点开始向后查找。

注意:单链表的特点是只有一个指针域,其指针的方向是从头结点开始指向后继结点,所以查找操作时,只能顺着指针的方向从头结点往后找结点,没有从后往前的指针,所以不能从后往前找。

头结点如图 2.3 所示,在第一个结点 p 之前增设一个头结点 h,头结点 h 的下一个结点是 p。头结点 h 的指针指示的是下一个结点,所以用符号表示为 $h \rightarrow \text{next}$,所以下一个结点 p 可写为 $p = h \rightarrow \text{next}$。如果链表中没有结点,那么头结点的指针域就是空"∧",只有一个头结点的链表是空表。

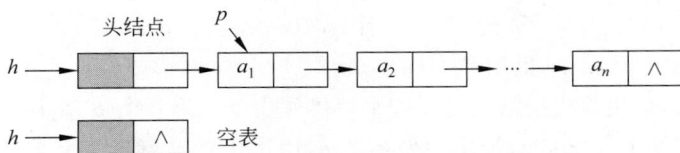

图 2.3　单链表的结构示意图

2.2.2　单链表的操作与算法

单链表的操作主要有查找、插入、删除和建立单链表等。

1. 查找操作

问题:在带头结点 h 的单链表中查找第 i 个结点,并把该结点的数据域的值存到变量 e 中。

文字描述的查找操作的算法:

步骤 1:将头结点 h 和第一个结点连接起来($p = h \rightarrow \text{next}$)。

步骤 2:将指针逐一后移($p = p \rightarrow \text{next}$),并统计经过的结点的个数。

步骤 3:判断是否移动到第 i 个元素。如果是,将第 i 个结点的数值域的值存到变量

e 中;否则,判错,第 i 个结点不存在。

步骤 4:算法结束。

伪代码描述的查找操作的算法:

```
Status GetElem_L(LinkList L, int i, ElemType e)
{
    p=h→next; j=1;
    while(p && j<i){p=p→next; ++j;}
    if(!p || j>i) return ERROR;
    e=p→data;
    return OK;
}
```

算法学习小技巧:

(1)用已经命名过的结点给没有名字的结点命名。命名的目的是节省空间,减少变量名的数量,并对这些结点进行操作。

① 在上述伪代码算法的初始步骤中,只有头结点 h 是已知的,第一个结点和后继结点都没有被命名,头结点的指针域指向第一个结点,于是用已知的头结点 h 的 next 域来命名第一个结点 p,即 $p=h$→next。

② 伪代码中,将指针逐一后移的操作:依然是用已命名的结点 p 给后继未命名的结点命名($p=p$→next),并使后继结点的名字和前驱结点的名字相同,都是 p,这样就实现了指针后移的效果。

(2)快速写出伪代码的技巧:先画图再用箭头送箭尾的方式写伪代码命令,方便记忆还不容易出错。如图 2.4 所示,具体的步骤如下。

- 把要操作的动作用箭头标出来,本例的查找操作是通过对结点的名字的替换,达到结点移动的目的。因此,将第一个结点的名字 p 和结点 a_1 之间用箭头画出来,第二个结点 p 和 a_2 也用箭头标出来。
- 根据箭头,采用箭头送箭尾的方式来写操作命令。第一个 p 箭头的头指向的是头结点的后继结点 h→next,箭尾的名字是 p,用伪代码来写第一个 p 的操作命令,即箭头送箭尾:$p=h$→next。第二个 p 的箭头指向的是结点 a_2,也就是第一个 p 的后继结点 p→next,箭尾是 p,依据箭头送箭尾的技巧,就是 $p=p$→next。总之,先画图再根据图中的箭头指示来写伪代码,采用箭头送箭尾的方式,命令就完成了。

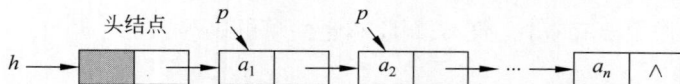

图 2.4　单链表的查找操作示意图

2. 插入操作

问题:在链表中的第 i 个结点前插入元素值为 e 的 s 结点,也就是在第 $i-1$ 个结点后插入一个结点。具体如图 2.5 所示,思路是要先从链表的头结点开始找第 $i-1$ 个结点 p,然后在 p 结点后插入 s 结点。

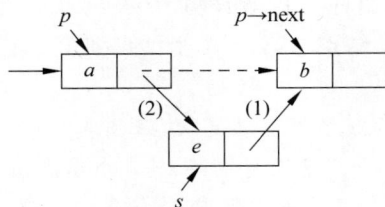

图 2.5　单链表的插入操作

插入操作小技巧：

下面的看图写命令的技巧是本书作者根据多年的教学经验独家提出的。操作步骤是先给要操作的结点命名，然后把要实现的操作在图中画出箭头来，最后根据箭头送箭尾的方式转换成命令代码。

在插入结点之前，首先给要操作的结点命名，是用有名的结点给没名的结点，在图 2.5 中 p 结点的下一个结点的名字是 $p{\to}$next，要插入的结点名字是 s 结点。然后画出操作的两个连接箭头 (1) 和 (2)，最后按图中箭头写插入命令，即箭头送箭尾。箭头 (1) 的箭头结点的名字是 $p{\to}$next，箭尾是 $s{\to}$next，所以 (1) 命令为 $s{\to}$next$=p{\to}$next。同理，(2) 命令的箭头是 s 结点，箭尾是 $p{\to}$next 域，所以 (2) 命令为 $p{\to}$next$=s$。

注意：画图的时候，箭头箭尾的位置要指示清楚，是结点还是结点中的一个域。要画到位，是结点的时候要指示整个结点，是结点中的一个域时要把线画到域里，如 (1) 和 (2) 里的箭尾都指示的是结点中的 next 域，所以必须画到 next 域里，这样看图写命令才不会出错。下面是插入操作的具体算法实现。

文字描述的插入操作的算法如下。

步骤 1：将链表 L 的头结点的 $h{\to}$next 赋给 p，移动 p：$p=p{\to}$next，并记录移动结点的个数 j。

步骤 2：判断 j 是否等于 $i-1$，若为否，则链表中没有第 $i-1$ 个结点，算法错；若为是，则执行步骤 3。

步骤 3：生成 s 结点，设置 s 结点的数值域的值为 e。

步骤 4：将 $p{\to}$next 结点连到 s 结点的 next 域。

步骤 5：将 s 结点连到 p 结点的 next 域。

步骤 6：算法结束。

伪代码描述的插入操作的算法：

```
Status ListInsert_L(LinkList&L, int i, ElemType e)
{   p=L;   j=0;
    while(p && j<i-1) {p=p→next; ++j;}
    if (!p || j>i-1) return ERROR;
    s=(LinkList)malloc(sizeof(LNode));
    s→data=e;
    s→next=p→next; p→next=s;
    return OK;
}
```

上述代码的执行过程是,首先查找第 $i-1$ 个结点;然后生成一个结点 s,把 e 赋给这个结点 s 的数值域;最后,把 s 结点与第 $i-1$ 个结点和第 i 个结点相连,即 $s \rightarrow \text{next} = p \rightarrow \text{next}$ 和 $p \rightarrow \text{next} = s$。

注意:这两个命令的先后顺序不可以更改,必须先执行命令(1)$s \rightarrow \text{next} = p \rightarrow \text{next}$,然后才执行命令(2)$p \rightarrow \text{next} = s$。意思是把第 $i-1$ 个结点 p 的下一个结点 i,也就是 $p \rightarrow \text{next}$ 结点连到 s 结点的 next 域上。如果先执行命令(2),这时 $p \rightarrow \text{next}$ 结点被重新赋值了,就是 s 结点了,而不是 i 结点了,就不对了。所以命令(1)和(2)的执行顺序不可以改变。

3. 删除操作

问题:在单链表结点数据域为 a、b、c 的三个相邻的结点中删除中间的 b 结点。主要操作:首先,让 c 结点的指针连接到 a 结点的 next 域;其次,释放 b 结点所占用的内存空间。具体操作过程如图 2.6 所示。

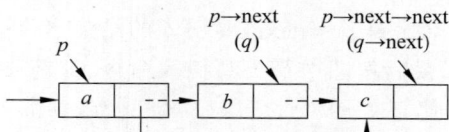

图 2.6　单链表的删除操作

删除操作小技巧:

删除操作要经历下面的步骤才能完成:查找删除结点的位置,给要操作的结点命名,画出操作箭头图并转换成操作命令。具体如下。

(1)查找。和插入操作类似,要删除第 i 个结点,首先,要找到第 $i-1$ 个结点。

(2)给要操作的结点命名,例如,第 $i-1$ 个结点的名字是 p,要删除的第 i 个结点的名字是 $p \rightarrow \text{next}$,而第 $i+1$ 个结点的名字是 $p \rightarrow \text{next} \rightarrow \text{next}$。

(3)画图。对删除操作进行新的连接,如图 2.6 中箭头所示。

(4)删除第 i 个结点,按照所画箭头的箭头送箭尾的方式,将箭头结点 $p \rightarrow \text{next} \rightarrow \text{next}$ 赋给箭尾 $p \rightarrow \text{next}$,并将删除的第 i 个结点的数值域的值 b 赋给变量 e。

(5)为了方便释放删除结点的存储空间,实际操作时会给删除结点 i 赋个小名 q,即 q 结点等同于 $p \rightarrow \text{next}$ 结点;第 $i+1$ 个结点为 $q \rightarrow \text{next}$ 等同于 $p \rightarrow \text{next} \rightarrow \text{next}$。

文字描述的插入操作的算法如下。

步骤 1:将链表 L 的头结点赋给 p,移动 p:$p = p \rightarrow \text{next}$,并记录移动结点的个数 j。

步骤 2:判断 j 是否等于 $i-1$,否则,没有第 $i-1$ 个结点算法出错;是,则执行步骤 3。

步骤 3:将第 i 个结点 $p \rightarrow \text{next}$ 结点赋给 q,即 $q = p \rightarrow \text{next}$。

步骤 4:将 $q \rightarrow \text{next}$ 结点连到 p 结点的 next 域,即 $p \rightarrow \text{next} = q \rightarrow \text{next}$。

步骤 5:将 q 结点的数值域的值 b 赋给变量 e,删除释放结点 q。

步骤 6:算法结束。

伪代码描述的删除操作的算法:

```
Status ListDelete_L(LinkList&L, int i, ElemType &e)
{   p=L; j=0;
    while(p->next && j<i-1)
    {   p=p→next; ++j;
    }
    if (!(p->next) || j>i-1) return ERROR;
    q=p->next; p->next=q->next;
    e=q->data; free(q);
    return OK;
}
```

4. 单链表的建立

问题：设置头结点为 L，要将数值域是 $a_1, a_2, \cdots, a_n$ 的结点连到头结点 L 上建成单链表。连接的过程是倒序，即先连接 a_n，然后是 $a_{n-1}, \cdots, a_2$ 和 a_1。倒序连接的优点是命令和命令的重复使用容易实现，利用插入算法的思路，即新结点 p 总是插在头结点 L 和头结点的下一个结点 $L \to \text{next}$ 之间。所以，插入新结点 p 的命令为 $p \to \text{next} = L \to \text{next}$ 和 $L \to \text{next} = p$。重复这条命令即可连接所有的结点，建立单链表的过程如图 2.7 所示。

根据图 2.7，首先建立一个带头结点的单链表，然后新生成一个结点 p；将 p 插入单链表中，通过循环插入的方式，就可以完成单链表的建立过程。

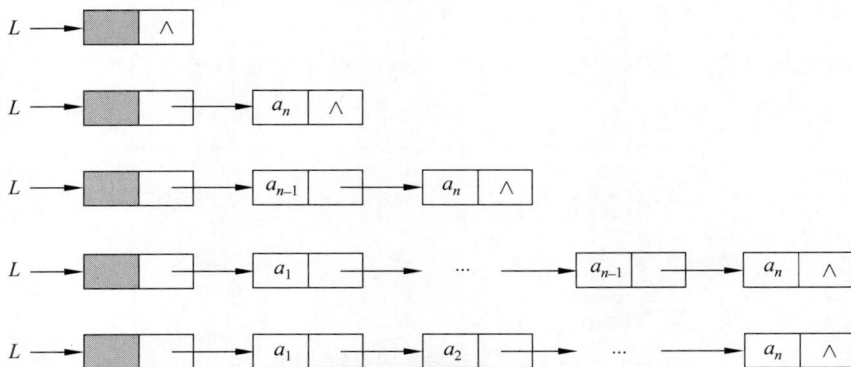

图 2.7　单链表的建立

文字描述的建立单链表的算法如下。

步骤 1：生成并建立单链表的头结点 L，初始状态时头结点 L 的 next 域为空 NULL。

步骤 2：进入循环依次生成新的结点 p，倒序依次输入结点的数值域的值 $a_n, a_{n-1}, \cdots, a_2, a_1$。

步骤 3：将新的结点连到头结点 L 的 next 域，相当于在空结点 NULL 和 L 结点之间插入 p 结点，因此这里包括两个命令，即 $p \to \text{next} = L \to \text{next}$ 和 $L \to \text{next} = p$。

步骤 4：当 n 个结点全部连接完毕，循环结束，执行步骤 5，否则返回步骤 2。

步骤 5：算法结束。

伪代码描述的建立单链表的算法：

```
void  CreateList_L(LinkList &L,  int n)
{   L=(LinkList) malloc (sizeof(LNode));
    L->next=NULL;
    for (i=n; i>0 ; --i)
    {   p= (LinkList) malloc (sizeof(LNode));
        scanf(&p->data);
        p->next=L->next; L->next =p;
    }
}
```

小结：单链表的特点是它是一种动态结构，不需要预先分配空间，但是要在操作时分配空间(LinkList) malloc (sizeof(LNode))。单链表只能从头查找，不能随机存取，查找速度慢；但是插入和删除操作不需要移动其他的结点，操作速度快。

2.2.3 循环链表与双向链表

单链表虽然删除和插入操作容易，但是删除和插入操作的前提是先查找要插入和删除的结点的位置，而查找要从头结点往后找，如果要找的是最后一个结点，效率会很低，怎么解决这个问题？可以采用循环链表和双向链表。

循环链表是把最后一个结点的指针指向头结点，构成闭环。其特点是查找不用从头结点开始，从表中任一结点出发均可找到其他结点，进而提高查找效率。循环链表的具体结构如图 2.8 所示。

单链表的尾结点 p 的指针是空，即 $p\rightarrow$next＝NULL，循环链表的尾结点的指针是指向头结点的，即 $p\rightarrow$next＝h。

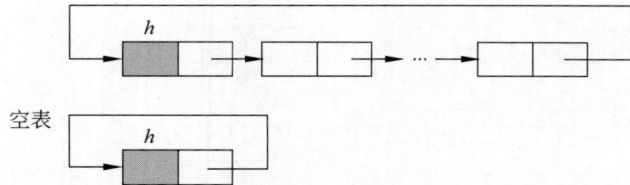

图 2.8 循环链表的存储结构

循环链表虽然解决了查找后继结点的效率，但是只能往后找，不能往前找，并没有提高查找前驱结点的效率。因此，需要引入带有前驱和后继两个指针的双向链表。在双向链表中，结点有两个指针域，分别指向前驱和后继结点，具体结构如图 2.9 所示。

双向链表的物理存储结构的定义：

```
typedef struct DuLNode {
    ElemType        data;
    struct DuLNode  * prior;
    struct DuLNode  * next;
} DuLNode, * DuLinklist;
```

双向链表还可以扩充为双向循环链表，空双向循环链表的前驱指针 prior 和后继指针 next 均指向它自己。空和非空双向循环链表如图 2.9 所示。

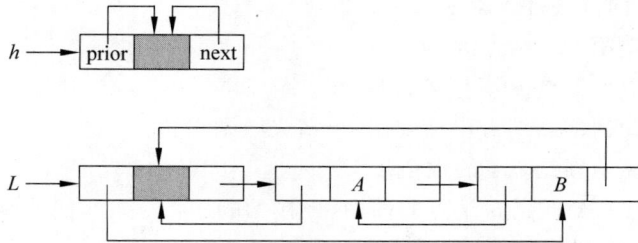

图 2.9   空双向循环链表和非空双向循环链表

在双向循环链表中,任一个结点 p,可以用它给其前驱和后继结点命名,因为它有指针分别和前驱与后继结点相连。在图 2.10 中,结点 p 的前驱结点可被命名为 $p\rightarrow$prior,而其后继结点的名字为 $p\rightarrow$next。这样在双向链表中,一个变量可以给三个结点命名,提高了变量空间的利用率。

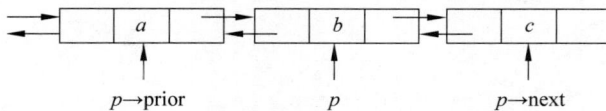

图 2.10   双向链表的前驱与后继结点关系

图 2.10 中,需要注意和画清楚每个结点的两个指针的箭头和箭尾的位置,箭尾是指针的出处,箭头是指针入处。从 prior 域引出来的指针是前驱指针,从 next 域引出来的指针是后继指针。箭头的位置不在结点的任何域里,则指示的是整个结点。例如,结点 p 的前驱结点的名字是 $p\rightarrow$prior,结点 p 的后继结点的名字是 $p\rightarrow$next。因为是双指针,p 结点其实是其前驱结点的后继结点或者是后继结点的前驱结点,即 $p\rightarrow$prior$\rightarrow$next $=p=p\rightarrow$next$\rightarrow$prior。

单链表和双向链表的区别如下。

(1) 给结点命名的不同:单链表只有指向后继结点的指针,所以只能给后继结点命名。

(2) 查找操作的不同:双向链表可以往前和往后移动,而单链表只能往后移动。因此,双向链表的查找效率高。

(3) 插入和删除操作的不同:双向链表需同时修改前驱和后继两个方向的指针,而单链表只有一个后继方向的指针需要修改。

1. 双向链表的插入操作

在双向链表第 i 个结点 p 之前插入结点 s,插入操作如图 2.11 所示。

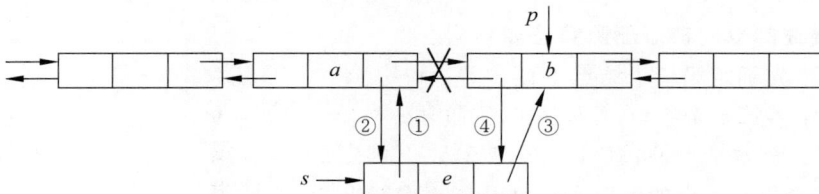

图 2.11   双向链表的插入操作

文字描述的双向链表插入算法如下。

步骤 1：先确定第 i 个结点 p 的位置。

步骤 2：若第 i 个结点 p 不存在，则报错。

步骤 3：为要插入的新结点申请空间，申请失败则报错。

步骤 4：将 e 赋给新结点 s 的数值域。

步骤 5：将新结点 s 插到 p 结点的前面，连接的顺序：先把 p 的前驱结点 $p\rightarrow$prior 和 s 结点相连，然后是 p 结点和 s 结点相连。

步骤 6：算法结束。

伪代码描述的双向链表插入算法：

```
Status ListInsert_DuL(DuLinkList&L, int i, ElemType e)
{   if (!(p=GetElemP_DuL(L,i)))
        return ERROR;
    if(!(s=(DuLinkList)malloc(sizeof(DuLNode))))
        return ERROR;
    s->data=e;
    s->prior=p->prior; p->prior->next=s;
    s->next=p; p->prior=s;
    return OK;
}
```

技巧：在图 2.11 的双向链表中，已知的结点名字只有 p，p 的前驱结点 $p\rightarrow$prior 的名字是以 p 结点命名的。当要在 p 结点前插入新结点 s 时，p 的前驱结点 $p\rightarrow$prior 就要换成 s 结点了，原来的 p 的前驱结点 $p\rightarrow$prior 要被覆盖掉了。因此，在要覆盖之前，p 原来的前驱结点 $p\rightarrow$prior 要先被操作。这就是要先连接 p 的前驱结点 $p\rightarrow$prior 和 s 结点，然后才连接 p 结点和 s 结点。所以就有了连接代码的先后顺序，先连接①和②命令：$s\rightarrow$prior$=p\rightarrow$prior；$p\rightarrow$prior$\rightarrow$next$=s$，然后才有③和④命令 $s\rightarrow$next$=p$；$p\rightarrow$prior$=s$。

2. 双向链表的删除操作

在双向链表中，删除第 i 个结点 p，删除操作如图 2.12 所示。

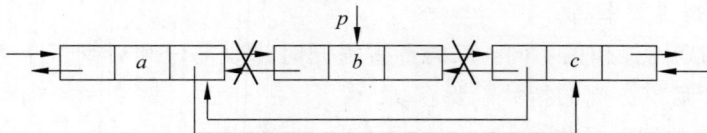

图 2.12　双向链表的删除结点时指针的变化情况

文字描述的双向链表删除算法如下。

步骤 1：先确定第 i 个结点 p 的位置。

步骤 2：若第 i 个结点 p 不存在，则报错。

步骤 3：把 p 结点的数值域的值赋给 e。

步骤 4：将 p 结点的前驱和后继结点连接起来。

步骤 5：删除 p 结点，并释放该结点占有的空间。

步骤 6：算法结束。

代码描述的双向链表删除算法：

```
Status ListDelete_DuL(DuLinkList&L, int i, ElemType &e)
{
    if (!(p=GetElemP_DuL(L,i)))
        return ERROR;
    e=p->data;
    p->prior->next=p->next;
    p->next->prior=p->prior;
    free(p);
    return OK;
}
```

上述双向链表中删除结点的两个代码，操作没有先后顺序。虽然 p 结点的前驱结点 $p \rightarrow$ prior 和后继结点 $p \rightarrow$ next 的命名是由 p 结点而来的，但是在删除操作过程中，两个结点的名字没有被覆盖，所以两个结点的操作命令：$p \rightarrow$ prior $\rightarrow$ next ＝ $p \rightarrow$ next 和 $p \rightarrow$ next $\rightarrow$ prior＝ $p \rightarrow$ prior 不分先后。

2.3　栈

本章开始就介绍了线性逻辑结构有三种：线性表、栈和队列。把线性表、栈和队列放在同一章来介绍也是因为栈和队列也是线性表，是有特殊限制的线性表。线性表中任何位置都可以插入和删除，但是栈的插入和删除（进出）只能在一端操作，而队列是只能一端进另一端出。前面介绍线性表时给出了物理结构的顺序存储和链式存储，接下来对于栈和队列也会分别阐述它们对应的顺序存储和链式存储结构。

栈的概念：栈是只能在表的一端进行插入和删除操作的线性表。允许进行插入和删除操作的一端叫栈顶（top），不允许插入和删除的另一端叫栈底（base），不含元素的栈叫空栈。

栈的逻辑结构：栈是一种操作受限的线性表，它只能在栈顶操作，进栈是进到栈顶元素 a_n 的上一个位置，出栈是将栈顶元素 a_n 移出。栈中元素的操作顺序是先进后出（First In Last Out，FILO）或后进先出（Last In First Out，LIFO），如图 2.13 所示。

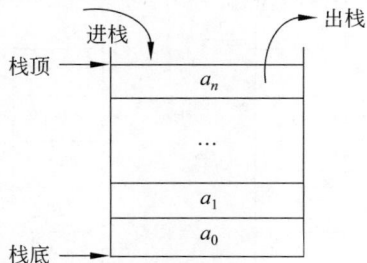

图 2.13　栈的逻辑结构

栈的逻辑结构的定义：

ADT Stack {

　　数据对象：$D=\{a_i \mid a_i \in \text{ElemSet}, i=1,2,\cdots,n, n \geqslant 0\}$

　　数据关系：$R_1=\{<a_{i-1},a_i> \mid a_{i-1}, a_i \in D, i=2,3,\cdots,n\}$

}

因为栈本质上是线性表，所以栈的逻辑结构和线性表的逻辑结构是一样的，都是一前一后的线性对。但它是受限的线性表，所以它的物理结构有明显的不同。

2.3.1　栈的顺序存储

栈的顺序存储是一组地址连续的存储单元依次存放自栈底到栈顶的数据元素，它用两个指针分别指示栈顶和栈底的位置，top 指针指示栈顶的位置，base 指针指示栈底的位置。

栈的顺序存储的定义：

```
#define STACK_INIT_SIZE 100;
#define STACKINCREMENT 10;
typedef struct {
    SElemType * base;
    SElemType * top;
    int stacksize;
} SqStack;
```

STACK_INIT_SIZE 表示栈的初始存储空间，STACKINCREMENT 是存储空间的分配增量，base 是栈底指针，top 是栈顶指针，stacksize 表示的是当前栈的存储空间。

图 2.14 展示的是数据元素进栈、出栈和栈顶指针 top 之间的关系。top 指针是负责和机器对话的，它指示的位置就是要操作的位置，即先移动指针 top 到要操作的位置，然后再做对应的操作。**这里要牢记一个规定：栈顶指针 top 永远指向栈顶元素的上一个位置。** 进栈时，因为刚好 top 指针所指示的位置空，所以数据元素直接进栈，然后 top 指针上移指向栈顶元素的上一个位置。出栈时，因为 top 指针所指示的位置是空的，所以它要下移到栈顶元素的位置，指示栈顶元素要出栈。即进栈时，元素先进栈，然后上移 top 指针；出栈时，先下移 top 指针，后出栈。在进栈或出栈后，top 指针又指到栈顶元素的上一个位置。当 top=0 时，表示栈空，这时做出栈操作则下溢。当 top=M，表示栈满（M 是栈的最大空间），这时做进栈操作则上溢。

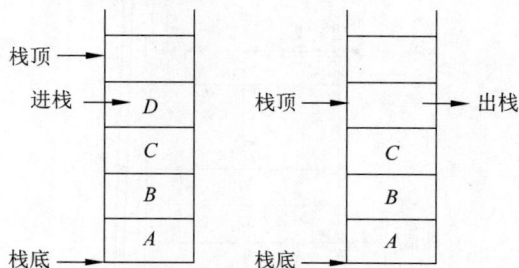

图 2.14　数据的进栈和出栈

栈的顺序存储的基本操作有：栈的初始化、取栈顶元素、出栈和进栈 4 种，具体算法如下。

1. 栈的初始化

```
Status InitStack (SqStack &S)
{   S.base=(SElemType *)malloc(STACK_INIT_SIZE * sizeof(SElemType));
    if(!S.base) exit(OVERFLOW);
    S.top = S.base;
    S.stacksize = STACK_INIT_SIZE;
    return OK;
}
```

栈的初始化操作就是要构造一个空栈，包括：申请栈的存储空间 malloc，给栈顶指针 $S.top$ 和栈底指针 $S.base$ 设初值。空栈时，栈顶和栈底指针所指的位置相同。

2. 取栈顶元素

```
Status GetTop (SqStack S, SElemType &e)
{
    if (S.top == S.base ) return ERROR;
    e = * (S.top-1);
    return OK;
}
```

取栈顶元素，其实是取栈顶元素的值，元素的位置没有变化，没有出栈。它和元素存储位置变化的出栈和进栈操作是不同的。具体过程：首先要判断栈空否，栈空没有元素值可取；栈不空则将栈顶指针下移一个位置指向栈顶元素，然后将栈顶元素的值赋给变量 e。这里下移栈顶指针是因为 $S.top$ 指针永远指向栈顶元素的上一个位置，要操作栈顶元素，当然要下移指针告诉机器要操作的元素的位置。

技巧：栈顶指针 $S.top$ 是操作的媒介。指针指向的位置，就是要操作的元素对象。所以，对栈的操作，都是和栈顶指针配合完成的。

3. 进栈运算

```
Status Push (SqStack &S, SElemType e)
{
    if(S.top-S.base>=S.stacksize)
    {   S.base=(SElemType *)realloc(S.base,
            (S.stacksize+STACKINCREMENT) * sizeof(SElemType));
        if(!S.base) exit(OVERFLOW);
        S.top=S.base+S.stacksize;
        S.stacksize +=STACKINCREMENT;
    }
    * (S.top++) = e;
    return OK;
}
```

进栈涉及给栈增加存储空间的问题,所以在进栈操作前,首先要给栈分配或增加存储空间;然后,元素 e 进栈;最后将栈顶指针上移一个位置 $S.top++$。上移指针的目的是按照规定,栈顶指针永远指向栈顶元素的上一个位置。

4. 出栈运算

```
Status Pop (Stack &S, ElemType &e)
{
    if (S.top == S.base) return ERROR;
    e = * (--S.top);
    return OK;
}
```

出栈和进栈操作是相反的,要先下移栈顶指针,然后再出栈。具体的操作为:要先判断栈空否,空则没有元素可供出栈;不空,则要下移指针指向栈顶元素--S.top,然后栈顶元素的值赋给变量 e,完成出栈操作。

2.3.2 栈的链式存储

栈采用链式存储方式被称为链栈。链栈是由链式存储的结点连接而成的,栈顶元素首结点的前面是头结点。栈的操作都是从头结点的位置开始对首结点进行操作,这也符合在栈的一端操作的特征,链栈的结构如图 2.15 所示。

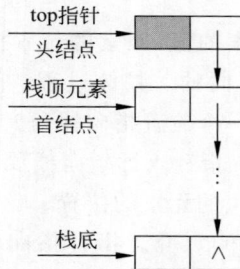

图 2.15 栈的链式存储结构

1. 进栈操作

元素的进栈操作其实就是在栈顶元素——首结点之前插入一个结点。具体的过程是:先动态生成一个结点 p,将 e 赋值给 p 结点的数据域;然后将新结点连到链表的头结点之后、首结点之前,具体如图 2.16 所示。

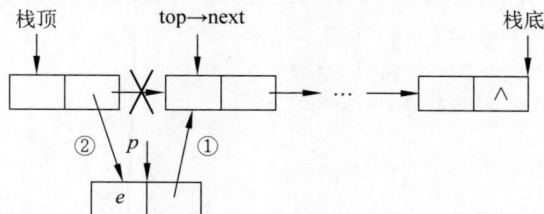

图 2.16 进栈操作

栈的进栈插入操作的命令为：①p→next＝top→next；②top→next＝p。这两个命令是有先后顺序的，先①后②。因为首结点是依附头结点命名的，头结点的下一个结点在插入操作后就不是原来的首结点了，而是新插入的结点 p，原来的首结点 top→next 会被命令②覆盖掉，所以先执行①命令，再执行②命令。

技巧：写操作命令的技巧依然是**本文提出的三步法**：①先画图，用箭头线连接新的操作；②再命名，用已知结点的名字给未知的结点命名；③最后是根据箭头线写代码，写出箭头送给箭尾的赋值语句。现在已知结点的名字有头结点 top，插入结点 p，首结点在头结点的下一个结点，因此首结点的名字是 top→next。对连线①来说，箭头的名字是 top→next，箭尾是 p→next 域；箭头送箭尾，所以①的连接命令是 p→next＝top→next。类似地，连线②的代码命令就是 top→next＝p。

2. 出栈操作

出栈操作是将栈顶元素——首结点的下一个结点连接到头结点，就是删除栈顶元素首结点的操作。已知的结点名字是头结点 top，首结点 p 是头结点的下一个结点，即 p＝top→next。首结点的下一个结点的名字是 p→next。具体过程是：先将首结点的数值域赋值给变量 e，然后将首结点的下一个结点 p→next 和头结点的 top→next 域相连，即**箭头送箭尾**：top→next＝p→next。出栈操作的过程如图 2.17 所示。

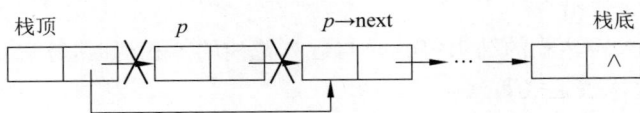

图 2.17　出栈操作的过程

3. 栈的应用举例

用栈来做一个算术表达式的计算：$7+5*(8-6)$。该表达式包含三部分：操作数、运算符和界限符。操作数是常数或变量，如 7、5 等；运算符包括算术运算符、关系运算符和逻辑运算符等，如＋、＊等；界限符为左右括号或表达式结束符，如（、）和♯等。算术运算规则是先乘除后加减，先括号内后括号外。一般算术表达式的计算过程为 $7+5*(8-6)$ ＝$7+5*2=7+10=17$。用栈来操作时，先给计算表达式 $7+5*(8-6)$ 加个结尾界限符 ♯，运算符栈底也放个界限符 ♯；表示当结尾界限符 ♯ 和栈底界限符 ♯ 这两个 ♯ 碰到时算法结束，操作过程如图 2.18 所示。

首先设置操作数栈和运算符(包括界限符)栈，然后依次读入算术表达式的每个字符，同时按照运算符的优先级通过入栈和出栈操作来进行计算，如图 2.18 所示。

文字描述的表达式计算算法如下。

步骤 1：初始化运算符栈 OPTR 和操作数栈 OPND。运算符栈的初始值是 ♯，操作数栈为空。

步骤 2：读入表达式中的字符，如果是操作数，则进 OPND 栈。

步骤 3：读入表达式中的字符，如果是运算符，则和 OPTR 的栈顶元素比较运算符的优先级。

（1）若输入运算符的优先级高于 OPTR 栈顶元素，则运算符入栈。

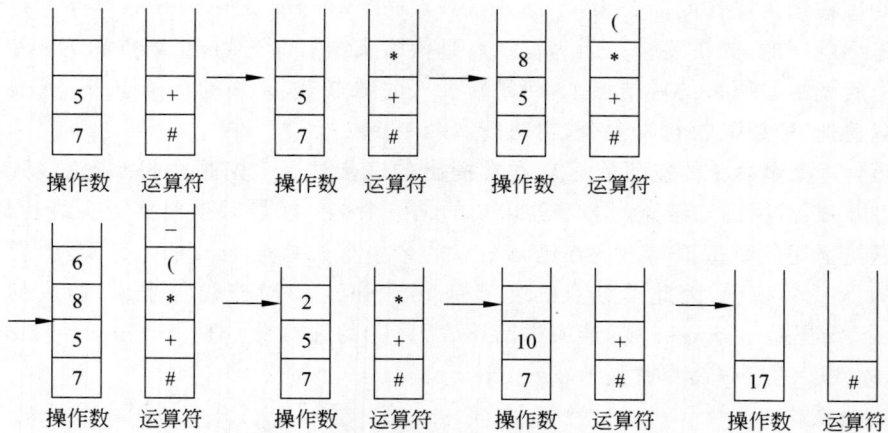

图 2.18 表达式求值的栈表示及栈指针变化情况

（2）若输入运算符优先级低于或等于 OPTR 栈顶元素，OPTR 中的栈顶元素出栈，与 OPND 栈顶弹出的两个操作数运算，结果进 OPND 栈。

步骤 4：如果读入界限符是左括号，则左括号进 OPTR 栈，返回步骤 3；如果是右括号，则左右括号一起弹出。

步骤 5：当读入表达式的结束符号♯与运算符栈的♯相遇时，算法结束。

代码描述的算术表达式算法：

```
OperandType EvaluateExpression()
{
    InitStack(OPTR); Push(OPTR,'#');
    InitStack(OPND);
    c=getchar();
    while(c!='#' || GetTop(OPTR)!='#')
    {
    if(!In(c,OP)) {Push(OPND,c); c=getchar();}
    else
        switch (Precede(GetTop(OPTR),c))
        { case '<':    Push(OPTR,c); c=getchar();break;
          case '(':    Push(OPTR,x); c=getchar();break;
          case ')':    Pop(OPTR,x); Pop(OPTR,c); c=getchar();break;
          case '>' or '=':
             Pop(OPTR,theta); Pop(OPND,b); Pop(OPND, a);
             Push(OPND,Operate(a,theta,b));break;
        }
    }
    return GetTop(OPND);
}
```

2.4　队　　列

　　队列和栈一样是受限的线性表,它和栈只能在一端操作不同,它允许两端操作。但是队列的两端操作的内容是不同的,即它只允许在一端进行插入而在另一端进行删除。允许插入的一端叫队尾(rear),允许删除的另一端是队头(front)。

　　队列的特征是:只有一个出口和一个入口,实行的是先进先出(FIFO)。只允许在队尾插入数据,在队头删除数据,不允许在队中做插入和删除的操作,具体如图 2.19 所示。

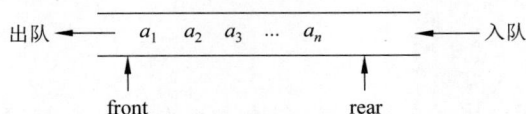

图 2.19　队列的结构

队列的逻辑结构的定义:

ADT Queue {
　　　数据对象:$D=\{a_i \mid a_i \in \text{ElemSet}, i=1,2,\cdots,n, n \geqslant 0\}$
　　　数据关系:$R_1=\{<a_{i-1},a_i> \mid a_{i-1},a_i \in D, i=2,3,\cdots,n\}$
}

　　队列也是一种线性对,每个数据元素都有唯一的前驱和后继,队列也有顺序存储与链式存储两种存储形式。但是队列具体的存储和操作与栈、线性表不同。

2.4.1　队列的顺序存储

　　队列的顺序存储结构也是用一组地址连续的存储单元,但它的操作是从队尾(rear)依次插入数据元素,从队头(front)删除元素,如图 2.20 所示。

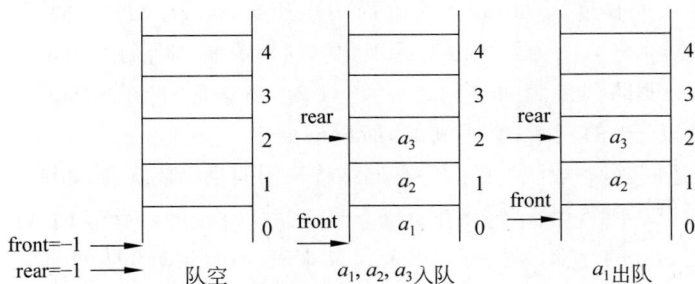

图 2.20　队列顺序存储

队列顺序存储结构的定义:

```
#define MAXQSIZE 100
typedef struct {
    QElemType * base;
    int rear;
```

```
    int front;
} SqQueue;
```

其中，MAXQSIZE 表示的是队列的最大长度，* base 是数据值域，rear 是队尾指针，指示队尾元素的位置，front 是队头指针，指向队头元素的前一个位置。rear 和 front 指针的初始值都是 -1。队列空的条件为 front＝rear。

数据元素的入队操作是：

```
rear=rear+1;sq[rear]=x;
```

或为

```
sq[++rear]=x;
```

因为规定 rear 指示队尾元素的位置，在插入新的元素时，要将 rear 指针上移一个位置，指向空位置，这样才能在空位置插入新的数据元素。所以是先上移队尾指针 rear＝rear＋1，再入队 sq[rear]＝x。

数据元素的出队操作是：

```
front=front+1;x=sq[front];
```

或为

```
x=sq[++front];
```

因为规定队头指针 front 指向的是队头元素的前一个位置，要使队头元素出队，就要将要操作的队头指针指向队头元素。因此，要先上移队头指针，再出队。

技巧：这里比较好记的是，无论是入队还是出队，都是先给队尾或队头指针＋1，然后再做入队或出队的操作。

存在的问题：

假如队列的最大长度为 M，元素的位置从 0 开始，rear＝$M-1$ 时，说明存储空间满，这时如果还有数据元素入队会发生溢出的现象。这里有真、假溢出的问题。当队头 front＝-1 时，真溢出，说明队列是满的；当 front≠-1 时，队头前有空余的位置，队列不满；但是根据队尾 rear＝$M-1$ 的判断，又是满的，所以假溢出。

为了解决上述问题，一般队列的顺序存储结构采用的是循环队列，如图 2.21 所示。循环队列就是把队列设计成环形，让 sq[0]接在 sq[$M-1$]之后，当 rear＋1＝M 时，则令 rear＝0。在数学上位满时 M 变为 0 的计算，是用算术求余%M 来表示，因此循环队列的操作如下。

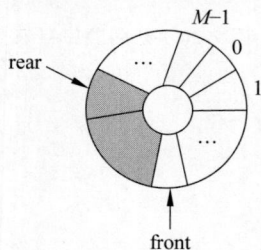

图 2.21   循环队列

循环队列的入队操作为

```
rear=(rear+1)%M;sq[rear]=x;
```

循环队列的出队操作为

```
front=(front+1)%M;x=sq[front];
```

为了区分循环队列空和队列满状态,实际操作时,会空出一个元素的空间,让队列头指针 front 指到该位置,符合之前规定的队头指针总是指向队头元素的前一个位置。队列空时 front==rear,队列满时 (rear+1)%M==front。

循环队列的顺序存储结构操作算法如下。

1. 队列的初始化

```
Status InitQueue (SqQueue &Q)
{
    Q.base = (QElemType *)malloc(MAXQSIZE * sizeof(QElemType));
    if (!Q.base) exit(OVERFLOW);
    Q.front = Q.rear = 0;
    return OK;
}
```

队列初始化的功能除了有分配存储空间之外,还有设置队列头和队尾指针的初值都为 0。

2. 入列操作

```
Status EnQueue (SqQueue &Q, QElemType e)
{
    if((Q.rear+1)%MAXQSIZE==Q.front)
        return ERROR;
    Q.rear = (Q.rear+1) % MAXQSIZE;
    Q.base[Q.rear] = e;
    return OK;
}
```

先将队尾指针加 1,指向后面的空位,然后将数据值 e 插入队尾数据域。

3. 出队操作

```
Status DeQueue (SqQueue &Q, QElemType &e)
{
    if (Q.front == Q.rear)   return ERROR;
    Q.front = (Q.front+1) % MAXQSIZE;
    e = Q.base[Q.front];
    return OK;
}
```

front 指针加 1 是为了让它从队头元素的前一个位置指向要删除的队头元素;然后队

列头元素值存到变量 e 中,队头元素出队。

2.4.2 队列的链式存储

在队列的链式存储中,队列中每个结点有两个域:一个是 data 域,另一个是 next 域;队列还有一个头指针和一个尾指针。

队列链式存储结构的定义:

```
typedef struct QNode{
    QelemType    data ;
    struct QNode  * next ;
}QNode, * QueuePtr;
typedef struct{
    QueuePtr * front ;
    QueuePtr * rear ;
}LinkQueue;
```

队列的头指针 $Q.\text{front}$ 永远指向头结点,即队列首结点(队头元素)的前一个位置,队尾指针 $Q.\text{rear}$ 指向最后一个结点。**注意:头结点和首结点不是一个结点,头结点指的是链表的头结点,首结点指的是队列里第一个结点;头结点在首结点的前面。队列为空的判决条件是:头指针 $Q.\text{front}$ 和尾指针 $Q.\text{rear}$ 均指向头结点。** 队列的插入是在队尾结点之后连接一个结点,队列的删除则是在单链表的头结点之后,删除首结点。具体如图 2.22 所示。

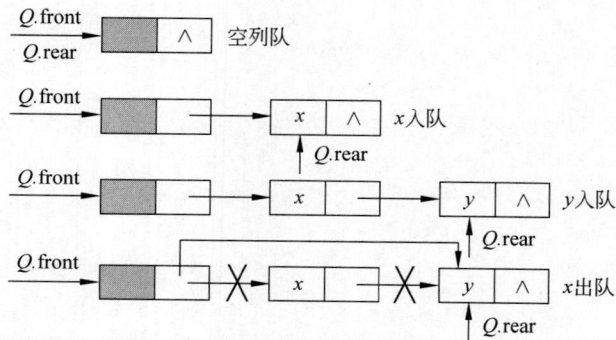

图 2.22 链队列的操作与指针变化的关系

队列存储操作的算法如下。

1. 链式队列的初始化

```
Status InitQueue (LinkQueue &Q)
{   Q.front=Q.rear=(QueuePtr)malloc(sizeof(QNode));
    if (!Q.front) exit(OVERFOLW);
    Q.front->next=NULL;
    return OK;
}
```

　　链队列的初始化就是构造一个空队列,队头指针和尾指针均指向头结点,头结点的下一个结点为空。

2. 链式队列的入队操作

```
Status EnQueue(LinkQueue &Q, QElemType e)
{   p=(QueuePtr)malloc(sizeof(QNode));
    if (!p) exit(OVERFLOW);
    p->data=e; p->next = NULL;
    Q.rear->next=p;
    Q.rear=p;
}
```

　　入队操作的过程是首先生成一个新结点,然后将新结点连到队尾结点上,最后移动队尾指针,将新结点作为尾结点。

3. 链式队列的出队操作

```
Status DeQueue(LinkQueue &Q, QElemType &e)
{   if(Q.front==Q.rear) return ERROR;
    p = Q.front->next;
    e = p->data;
    Q.front->next=p->next;
    if(Q.rear==p) Q.rear=Q.front;
    free(p);
    return OK;
}
```

　　出队操作的过程是:将队列首结点的下一个结点连到头结点上,然后删除队列首结点,释放存储空间。

小　　结

　　本章首先介绍了数据结构中的线性结构,具体描述了线性表、栈和队列三种线性结构。其次,给出了它们的逻辑结构的定义,以及与逻辑结构对应的顺序和链式两种物理存储结构。最后,分别阐述了线性表、栈和队列三种线性结构的操作算法。

第 **3** 章

树状数据结构

本章摘要：本章是继第 2 章的数据逻辑结构的第一种类型——线性表之后，讲述的第二种逻辑结构——树状结构。具体内容主要包括最简单的树状结构二叉树、森林和树状结构的应用——哈夫曼树。

重点内容和关键词：二叉树、森林和哈夫曼树。

导读手册：3.1 节介绍树的定义和概念；3.2 节介绍二叉树的逻辑和物理结构，以及二叉树三种形式的遍历操作；3.3 节讲述树和森林；3.4 节给出树的应用——哈夫曼树。

3.1 树的定义和概念

本节首先介绍树的概念和树的逻辑结构的定义，其次给出和树状结构相关的一些名词以及它们之间关系的说明。

3.1.1 树的结构

树状数据结构是两类非线性数据结构——树和图或网中的一种。树的定义是：$n(n \geqslant 0)$ 个结点的有限集合，其中，没有前驱的结点叫根结点，没有后继的结点叫叶子结点。该集合元素之间的关系是除了根结点，每个结点只有唯一的一个前驱结点，除了叶子结点，每个结点有多个后继结点。除了树的根结点，剩余的结点又可分为互不相交的有限集合，每一个集合本身又是一棵树，称为子树。

树的逻辑结构的定义：

ADT Tree {

数据对象：D 是有相同特性的数据元素的集合。

数据关系：

若 D 为空集，则称为空树。

若 D 中仅含一个数据元素，则该数据元素 T 是没有前驱的树的根结点。

若 D 中含有多于一个数据元素，即 $n>1$ 时，则除根结点之外的数据元素又可分为 $m(m>0)$ 棵互不相交的(非空)子树，其中每一棵子树的根结点 $T_1,T_2,\cdots$，T_m 都是根结点 T 的后继。

}

3.1.2　树的有关概念

1. 和树有关的名词

结点的度是指结点拥有子树的个数。度为 0 的结点叫叶子结点。树中结点的度的最大值就是**树的度**。结点的**层次**是：根结点是第一层，子树的根是第二层，以此类推。树中结点的最大层次数是**树的深度**。多棵不相交的树被称为**森林**。

2. 结点之间的关系

根结点的子树结点是孩子结点，根结点被称为**双亲结点**，同一双亲的孩子之间互称为**兄弟**。从结点的双亲到根的所有结点都是该结点的**祖先**；反之，该结点的所有孩子结点都是**子孙**。虽然不是同一双亲，但是双亲结点是同一双亲的结点互为**堂兄弟**。树中结点的各子树从左至右是不能互换且有次序的是**有序树**，否则是**无序树**。结点之间的关系如图 3.1 所示。

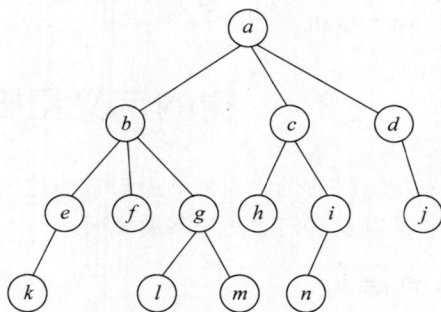

图 3.1　树状数据结构

图 3.1 中，树的根结点是 a，叶子结点分别为 k、f、l、m、h、n 和 j，树的度为 3，树的深度为 4。根结点 a 的孩子结点是 b、c 和 d，它们互称为兄弟。除了根结点 a 以外，其他的结点都是根结点的子孙结点，即 b、c、d、e、f、g、h、i、j、k、l、m 和 n，同时 a 也是子孙们的祖先。g、h 和 j 互为堂兄弟结点。这里结点关系之间的命名和生活中的家谱是一样的。

下面的内容是以最简单的二叉树为主，重点阐述树的物理存储结构、算法和应用。

3.2　二　叉　树

二叉树中每个结点至多能有两棵子树，即树中不存在度大于 2 的结点。

二叉树的定义：二叉树是 n 个结点的有限集合，根结点的子树分为互不相交的两个集合——左子树和右子树，左右子树也是二叉树并且左右次序不能任意颠倒。

3.2.1　二叉树的特性

根据二叉树的定义,二叉树具有如下 5 个性质。

性质 1:在二叉树的第 i 层至多有 2^{i-1} 个结点($i \geqslant 1$)。

证明:因为是二叉树,每个结点最多只能有两个孩子结点。第一层根是一个结点(2^0),第二层至多两个结点(2^1),以此类推,第 i 层则至多有 2^{i-1} 个结点。

性质 2:深度为 k 的二叉树结点总个数至多有 2^k-1 个。

证明:第一层是树的根,结点个数是 2^0。

第二层是两个结点,结点个数为 2^1。

以此类推,第 k 层的结点个数是 2^{k-1}。

假设深度为 k 的二叉树全部的结点个数为 n,则有

$$2^0 + 2^1 + \cdots + 2^{k-1} = n \tag{1}$$

式(1)左右两边乘以 2,则有

$$2^1 + \cdots + 2^{k-1} + 2^k = 2n \tag{2}$$

式(2)减去式(1),则有 $2^k - 2^0 = 2n - n$,也就是 $2^k - 1 = n$,证毕。

性质 3:对于任何一棵二叉树,若其叶子结点个数为 n_0,度为 2 的结点个数为 n_2,则有 $n_0 = n_2 + 1$。

证明:设 n_1 为二叉树 T 中度数为 1 的结点个数,二叉树结点总数为 n:

$$n = n_0 + n_1 + n_2 \tag{3}$$

因为从树的叶子结点往上看,二叉树中除根结点外每一个结点都对应一个分支,则分支个数为

$$B = n - 1 \tag{4}$$

又由于这些分支是由度为 1 和 2 的结点射出的,所以分支个数:

$$B = n_1 + 2 \times n_2 \tag{5}$$

那么,式(4)和式(5)联立有

$$n = n_1 + 2 \times n_2 + 1 \tag{6}$$

式(3)和式(6)联立得

$$n_0 = n_2 + 1$$

根据二叉树深度和结点总个数的关系,二叉树分为满二叉树和完全二叉树,如图 3.2 所示。

满二叉树的定义:满二叉树是深度为 k 且有 2^k-1 个结点的二叉树。满二叉树的特点是每一层上的结点数都是最大结点数,即 2^{i-1}。除了叶子结点的所有结点的度数都是 2,视觉上看二叉树每个结点都有两个孩子结点,都是满的,叶子结点都在同一层次上。

完全二叉树的定义:完全二叉树是最后一层右侧不满的二叉树。完全二叉树的特点是前 $k-1$ 层中的结点都是"满"的,且第 k 层的结点都集中在左边。

性质 4:具有 n 个结点的完全二叉树的深度是 $\lfloor \log_2 n \rfloor + 1$。

证明:假设完全二叉树的深度为 k,则根据性质 2 和完全二叉树的定义有

$$2^{k-1} - 1 < n \leqslant 2^k - 1$$

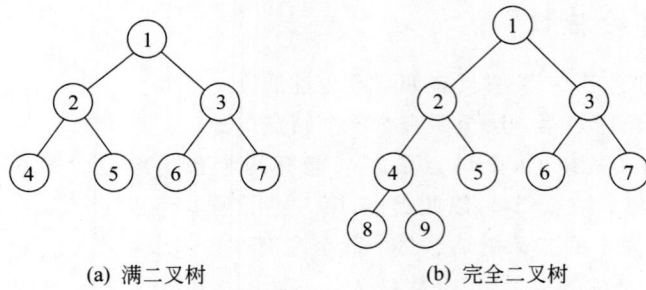

(a) 满二叉树　　　　　　　　(b) 完全二叉树

图 3.2　满二叉树与完全二叉树

由于 n 为整数，上式可变为

$$2^{k-1} \leqslant n < 2^k$$

两边同时取对数得

$$k-1 \leqslant \log_2 n < k$$

因 k 为整数，完全二叉树的深度：

$$k = \lfloor \log_2 n \rfloor + 1$$

性质 5：一棵有 n 个结点的完全二叉树的结点按层次顺序进行编号，则对任一结点 $i(1 \leqslant i \leqslant n)$：如果 $i > 1$，则其双亲结点的序号是 $\lfloor i/2 \rfloor$；如果 $2i \leqslant n$，则其左孩子结点的序号是 $2i$；如果 $2i+1 \leqslant n$，则其右孩子是 $2i+1$。

3.2.2　二叉树的存储结构

树状逻辑结构也对应两种物理存储结构：顺序存储和链式存储。下面将以二叉树为例分别阐述二叉树的顺序存储结构和链式存储结构。

1. 顺序存储结构

二叉树的顺序存储结构就是用一组地址连续的存储单元来存放树的结点。如图 3.3 所示，从根结点起按结点的层次从左向右的顺序，从 0 单元开始存储。也就是说，完全二叉树上编号为 i 的结点存储在下标为 $i-1$ 的单元中。对于非完全二叉树，可对照完全二叉树的编号做相应的存储，编号没有结点的需要在存储单元中填充空白字符或者 0 等。

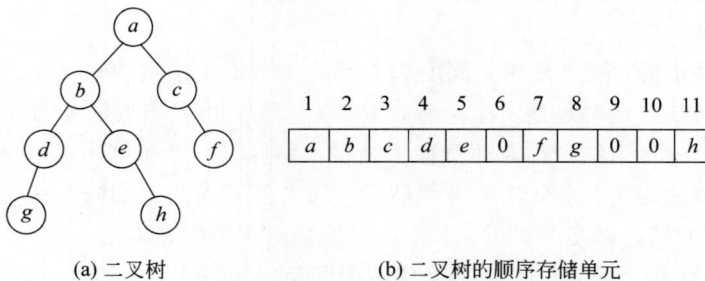

(a) 二叉树　　　　　　　　　(b) 二叉树的顺序存储单元

图 3.3　二叉树的顺序存储

二叉树顺序存储结构的定义：

```
constant MAXSIZE=100;
Typedef struct {
    TElemType * data;
    int nodenum;
}SqBiTree;
```

其中，MAXSIZE 是存储单元能存放的最大结点数，data 是二叉树中结点的值，nodenum 是结点的个数。

从图 3.3 可以看出，8 个结点的二叉树，顺序存储用了 11 个单元。这种顺序存储结构造成了资源的浪费，这就引出二叉树的链式存储结构。

2. 链式存储结构

二叉树的链式存储结构采用的是二叉链表的形式，其每个结点有三个域：数据域、左子树指针域和右子树指针域，如图 3.4 所示。

二叉树链式存储结构的定义：

```
typedef struct BiTNode{
    TElemType data;
    struct BiTNode * lchild, * rchild;
} BiTNode, * Bitree;
```

其中，BiTNode 是二叉树中结点的链式存储结构，二叉树链式存储则是用指针将各链式存储的结点连接起来的一棵二叉链树 * Bitree。

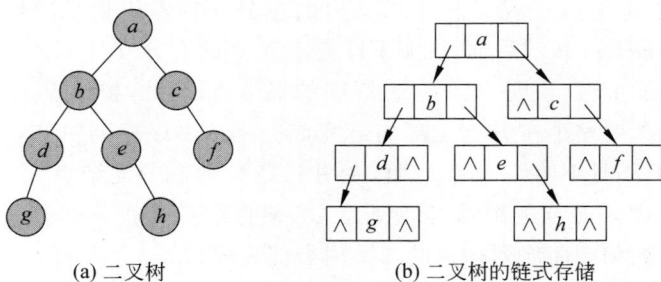

(a) 二叉树　　　　　　(b) 二叉树的链式存储

图 3.4　二叉树的链式存储

3.2.3　二叉树的操作

除了一般的插入和删除操作，二叉树的典型操作是查找，这里的查找有个专有名词叫遍历。**遍历**就是按一定的先后顺序，访问二叉树中的每个结点，要求每个结点只被访问一次。

对于根结点 D、左子树 L 和右子树 R 的遍历，访问的先后顺序的组合共有 6 种：DLR、DRL、LDR、LRD、RDL 与 RLD。为了便于分析，树的遍历设定为"先左后右"的顺序，即左子树永远在右子树的前面访问。在这种情况下，遍历的组合则只有先序遍历 DLR、中序遍历 LDR 以及后序遍历 LRD 三种。**先序遍历**就是先访问根结点，然后访问左子树,最后访问右子树;**中序遍历**则是先访问左子树,然后访问根结点,最后访问右子树;**后序遍历**是先访问左子树,然后访问右子树,最后访问根结点。这里的先、中和后指示的是访问根结点的顺序。对于图 3.5 来说,二叉树的先序遍历的序列为 ABDGEHCF,中序遍历的序列为 GDBEHACF,后序遍历的序列为 GDHEBFCA。

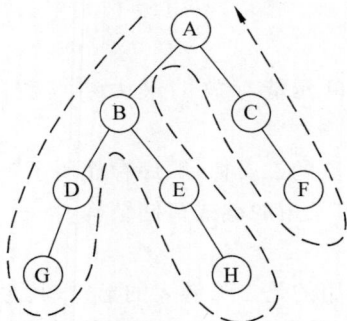

图 3.5　二叉树的三种遍历序列

从这三种遍历序列分析可知,如果已知三种遍历序列中的两种序列,就可以确定并构造一棵树。例如,已知图 3.5 的先序序列 ABDGEHCF 和中序序列 GDBEHACF,树的构造过程为:①先序遍历序列根结点在最前面,由此判断出 A 是根结点,B 是左分支的根结点。②中序遍历序列中根结点 A 在序列的中间,排在 A 之前的结点 GDBEH 都是左分支结点,A 之后的结点 CF 是右分支结点。以此类推,在中序序列中,B 之前有 GD,说明 GD 是 B 的左子树。先序序列中 D 在 G 之前,说明 D 是 B 的左子树的根结点。中序序列中 G 在 D 之前,得出 G 是 D 的左子树。二叉树的左分支的左子树 ABDG 就构造完成了。③在中序序列中,EH 在 B 的后面,说明 EH 是 B 结点的右分支且 H 是 E 的右分支;又在先序序列中 E 在 H 前面,说明 E 是右分支 H 的根结点;至此,根结点 A 的左分支的右子树也构造完成,二叉树整个左分支全部构造完成。④从中序序列可知,根结点 A 的右分支只有两个结点 CF,且 F 在 C 结点后面,说明 F 是 C 的右分支结点;又在先序序列中,C 在 F 前面,说明 C 是右分支的根结点,至此,二叉树根结点的右分支也全部完成。从根结点开始,由先序序列和中序序列构造的二叉树全部完成。

1. 先序遍历的算法

二叉树的先序遍历的顺序是先访问根结点,然后先序遍历访问左子树,最后先序遍历访问右子树。因为先序遍历二叉树时,二叉树的子树的访问也是先序遍历,因此,二叉树的先序遍历算法可以采用递归的形式来实现。

先序遍历的递归算法:

```
Status PreOrderTraverse(BiTree T, Status( * visit)(TElemType e))
{ if (T) {visit(T->data);
    PreOrderTraverse(T->lchild, visit);
    PreOrderTraverse(T->rchild, visit);
    }
}
```

上述先序遍历的算法中,首先访问 visit 二叉树的根结点 T,然后递归 PreOrderTraverse 访问二叉树的左子树 $T{\rightarrow}$lchild 调用访问函数 visit,最后递归 PreOrderTraverse 访问二叉树的右子树 $T{\rightarrow}$rchild 调用访问函数 visit。

2. 中序遍历的算法

中序遍历是首先中序遍历左子树,然后访问根结点,最后中序遍历右子树。

中序遍历的递归算法:

```
Status InOrderTraverse(BiTree T,Status(*visit)(TElemType e))
{ if (T) { InOrderTraverse(T->lchild, visit);
          visit(T->data);
          InOrderTraverse(T->rchild, visit);
        }
}
```

3. 后序遍历的算法

后序遍历是首先后序遍历左子树,然后后序遍历右子树,最后访问根结点。

后序遍历的递归算法:

```
Status PostOrderTraverse(BiTree T,Status(*visit)(TElemType e))
{if (T) {   PostOrderTraverse(T->lchild, visit);
          PostOrderTraverse(T->rchild, visit);
          visit(T->data);
        }
}
```

技巧:上述三种二叉树遍历算法只是在访问根结点、左子树和右子树的先后遍历的次序方面存在差异。左子树和右子树单独来看又是一棵树,其算法的遍历过程和根结点的树像复制粘贴一般,这样就可以用重复执行的递归算法来实现子树的遍历。

递归算法的优点是形式简洁,容易编制;其缺点是存储空间占用多,运行的效率较低。二叉树遍历算法还可以用栈来记录调用和返回的路径,实现非递归的三种遍历算法。

4. 非递归的遍历算法

下面以中序遍历的非递归算法为例,来对比一下非递归和递归的二叉树遍历算法。

中序遍历二叉树的非递归算法:

```
status InOrderTraverse(BiTree T, status (*visit)(TElemType e))
{   InitStack(S);
    Push(S,T);
    while(!StackEmpty(S)
    {   while(GetTop(S,p) && p) Push(S,p->lchild);
        Pop(S,p);
        if (!StackEmpty(S))
        {   Pop(S,p);
            if(!Visit(p->data)) return ERROR;
            Push(S,p->rchild);
```

```
        }
    }
    return OK;
}
```

上述非递归的中序遍历的算法的执行过程是：首先初始化一个栈，将根结点进栈。其次，用一个循环语句 while(GetTop(S,p) && p)将根结点的左孩子、左孙子和左重孙等一直到叶子结点全部进栈 Push(S,$p->$lchild)。然后栈顶叶子结点退栈，接着叶子结点的双亲结点退栈，并把双亲结点的右孩子进栈，返到循环入口，右孩子的左孩子进栈。

技巧：退栈就开启了中序遍历的结点输出，这里栈顶叶子结点退栈是输出中序遍历序列的第一个结点，即树的最左的结点。接着退栈输出叶子的双亲结点，即叶子的根结点，并将双亲的右孩子进栈，进栈一直到右孩子的左孩子全部进栈到叶子结点，然后退栈，即输出右结点的最左孩子。以此类推，树的整个左分支都中序遍历完之后，遍历树的根结点，最后中序遍历树的右分支。

3.2.4 二叉树的操作示例

本节从建立一棵二叉树开始，给出二叉树的各种操作示例，包括交换二叉树左右子树，计算二叉树的深度，求解二叉树叶子结点的个数以及在二叉树中查找数值域等于某个值的结点。

例 1 二叉树的建立。

```
void CreateBiTree(BiTree &T)
{   scanf(&ch) ;
    if(ch == ' ') T=NULL;
    else {if(!(T=(BiTNode *)malloc(sizeof(BiTNode)))) exit(OVERFLOW);
        T->data = ch;
        CreateBiTree(T->Lchild);
        CreateBiTree(T->Rchild);
    }
    return OK;
}
```

该算法是根据输入的字符 scanf(&ch)先序建立二叉树。首先根据输入的字符生成二叉树的根结点，然后按照输入字符的顺序先序递归生成左子树，然后先序生成右子树。如果有空子树时，会在相应位置输入♯字符，例如，输入字符串 ABC♯♯D♯♯E♯F♯♯，则对应建立的先序二叉树如图 3.6 所示。

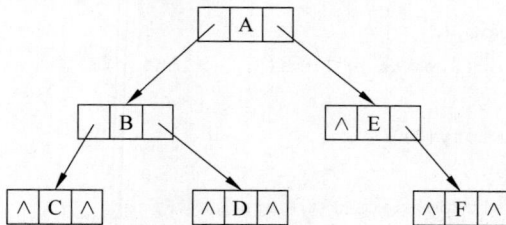

图 3.6 二叉树的建立

例 2　二叉树的左、右子树的调换。

```
void exchg_tree(bitreptr BT)
{ if (BT!=null){
        exchg_tree(BT->lchild);
        exchg_tree(BT->rchild);
        p=BT->lchild;
        BT->lchild=BT->rchild;
        BT->rchild =p;
    }
}
```

这个递归算法采用后序遍历来交换每一个结点的左右子树。

例 3　求解二叉树的深度值。

```
void BiTreeDepth(BiTree T, int level, int &depth)
{if (T){
        if (level>depth) depth=level;
        BiTreeDepth(T->Lchild, level+1, depth);
        BiTreeDepth(T->Rchild, level+1, depth);
    }
}
```

T 是二叉树的根结点,level 是结点所在层次,其初值为 0。depth 为树的深度,是叶子结点所在层 level 的最大层次数,其初值为 1。求树的深度是从根结点开始,遍历左子树并求左子树叶子结点的层数 level,然后是遍历右子树并求右子树叶子结点的层数,左右子树叶子结点的最大层次数就是树的深度。这里巧妙地利用层数和深度的概念将树的深度和左右子树的层数区别开来,左右子树的最大层数是树的深度。

例 4　二叉树中叶子结点的个数的计算。

```
void CountLeaf (BiTree T, int& count)
{ if ( T ) {
        if ((!T->Lchild) && (!T->Rchild))  count++;
        CountLeaf( T->Lchild, count);
        CountLeaf( T->Rchild, count);
    }
}
```

首先根据没有左右孩子来判断是否为叶子结点:$(!T->Lchild)$ && $(!T->Rchild)$,count 是用来计算叶子结点个数的。然后遍历左子树和右子树,边遍历边判断,是叶子结点就计数。

例 5　在二叉树中查找值为 x 的结点。

```
bool Locate (BiTree T, ElemType x, BiTree &p)
{ if (!T){ p = NULL; return FALSE; }
  else { if (T->data==x)
```

```
            { p = T; return TRUE; }
        if (Preorder(T->lchild, x, p))
            return TRUE;
        else return (Preorder(T->rchild, x, p));
        }
    }
```

在二叉树链表中，每个结点有三个域：左指针域、数值域 data 和右指针域。通过指针 p 从二叉树的根结点 T 开始先序遍历，查找结点的数值域 data＝x 的结点。

到这里，最简单的二叉树的逻辑和物理结构、操作和示例都已经介绍完了，下面介绍多于两个分支的树，还有包含多棵树的森林。

3.3 树 和 森 林

首先介绍树的两种物理存储结构，然后给出树与二叉树的转换方法，最后讨论树和森林的遍历。

3.3.1 树 的 存 储 结 构

在一般的树中，双亲结点有多个孩子，不只是二叉树的左右两个孩子，所以存储时更多需要考虑双亲结点、孩子结点以及兄弟结点的存储结构。树的顺序存储有两种：双亲表示法和孩子表示法，树的链式存储有孩子兄弟表示法。

1. 树的顺序存储

1）双亲表示法

顺序存储是用一维数组来存放树的结点，树的双亲表示法存储结构的定义分为两个部分，分别是双亲结点和孩子结点的定义。每个结点有两个域：结点的数据域和双亲结点在一维数组中的序号。

双亲表示法的定义：

```
#define MAX_TREE_SIZE = 100;
typedef struct PTNode{
  TElemType data;
  int parent;
} PTNode;
typedef struct {
    PTNode nodes[MAX_TREE_SIZE];
    int r, n;
} PTree;
```

其中，parent 是双亲结点在一维数组中的序列号。r 是根的位置序号，n 是树的结点总数。如图 3.7 所示树的双亲存储结构，双亲结点的位置序号是 $r=0$，树的结点总数为 $n=10$。

该存储结构通过孩子寻找双亲容易，但通过双亲找孩子较难，需要遍历整个树的存储结构，所以就引出树的第二种顺序存储结构——孩子表示法。

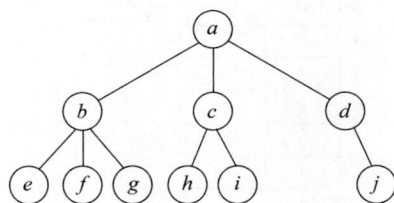

	data	parent
0	a	-1
1	b	0
2	c	0
3	d	0
4	e	1
5	f	1
6	g	1
7	h	2
8	i	2
9	j	3

(a) 树　　　　　　　(b) 树的双亲表示法的存储

图 3.7　树的双亲存储结构

2）孩子表示法

孩子表示法是把双亲结点用一维数组存储，孩子结点用单链表存储并通过指针和双亲结点相连。双亲结点有两个域：数据域 data 和指针域 next。指针域 next 指向第一个孩子结点为头结点的孩子链表。

孩子表示法的定义：

```
typedef struct CTNode {
    int child;
    struct CTNode * next;
} * ChildPtr;
typedef struct {
    ElemType data;
    ChildPtr firstchild;
} CTBox;
typedef struct {
    CTBox nodes[MAX_TREE_SIZE];
    int n, r;
} CTree;
```

其中，孩子结点 ChildPtr 有两个域，数据域 child 存储孩子结点的序号，next 域指向的是下一个孩子结点（兄弟结点）的指针。一维数组的双亲结点的两个域：data 域存储双亲结点的值，firstchild 指针域指向第一个孩子结点。具体如图 3.8 所示。

双亲表示法和孩子表示法，前者是找双亲结点容易，后者是找孩子结点容易。为了实现找双亲结点和找孩子结点都容易，于是将两者结合起来，在孩子表示法的基础上加上双亲结点的序号，就有了双亲与孩子表示法，如图 3.9 所示。

2. 树的链式存储

树的链式存储主要有孩子兄弟表示法。与二叉链表有点像，除了数据域，也是有两个指针域，但是树的链表中每个结点的左指针指向其第一个孩子结点，而右指针指向的是兄

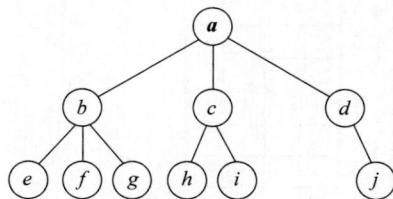

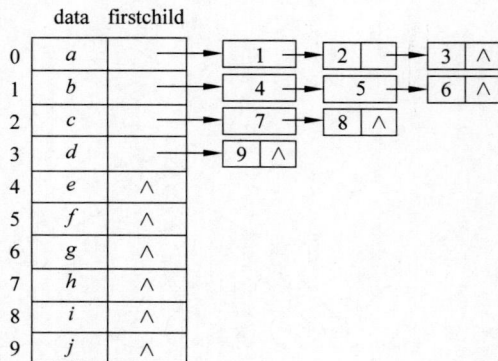

图 3.8　树的孩子表示法

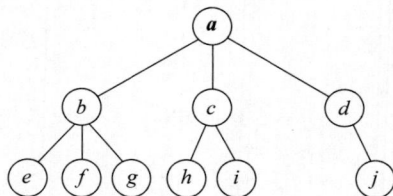

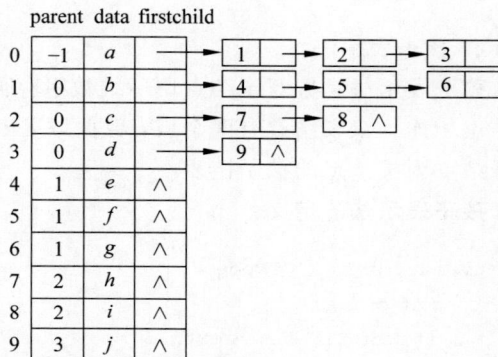

图 3.9　树的双亲与孩子表示法

弟结点。

　　注意：树的右指针和二叉树的右指针指向的结点相差了一层，二叉树的右指针指向的是下一层的孩子结点，而树的右指针指向的是同层的兄弟结点。

　　孩子兄弟表示法：

```
typedef struct CSNode{
    ElemType data;
    struct CSNode * firstchild, * nextsibling;
} CSNode, * CSTree;
```

　　如图 3.10 所示的树的孩子兄弟表示法，兄弟之间是通过第一个孩子的右指针连接起来，兄弟之间不在同一个层次，这样的存储法其实是破坏了树的层次结构。

3.3.2　森林与二叉树的转换

　　从图 3.10 所示树的孩子兄弟表示法存储可以看出，经过这样的存储，树已经从一个结点有多于两个孩子的树，变成小于或等于两个孩子的二叉树了。也就是说，此时，已经从树转换为二叉树了，完成了从树向二叉树的转换。

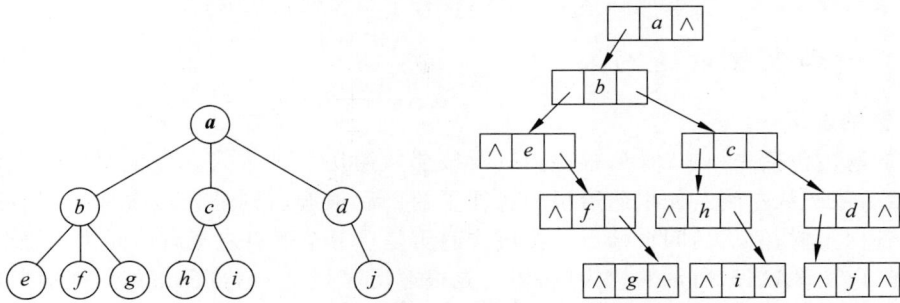

图 3.10　树的孩子兄弟表示法

1. 树转换成二叉树

按照树的孩子兄弟表示法的思路，可以把树转换成二叉树，即在树的兄弟之间加连线，并把兄弟结点加线之前的连线去掉，然后顺时针往下转 45°，这样树就转换成二叉树了。树的操作就变成将树转换成二叉树后，用二叉树的操作来进行。

从图 3.11 所示树转换为二叉树的过程可以看出：树转换成二叉树，根结点的右子树一定为空。二叉树转换成树，就是树转换成二叉树的逆过程，即将右孩子分别与双亲结点相连，原来兄弟间的连线去掉，然后逆时针方向转 45°。

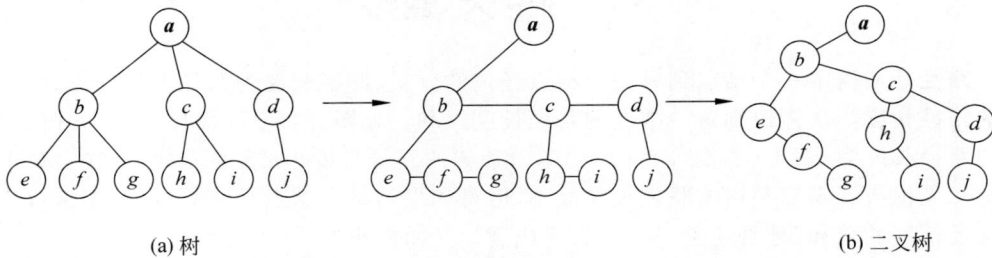

(a) 树　　　　　　　　　　　　　　　　　　　(b) 二叉树

图 3.11　树转换为二叉树

2. 森林转换成二叉树

森林转换为二叉树的方法与树转换为二叉树的方法类似。就是首先将森林中的每棵树转换成二叉树，然后将右子树为空的各个二叉树的根结点相连接，然后将连接的根结点向下顺时针转 45°，如图 3.12 所示。

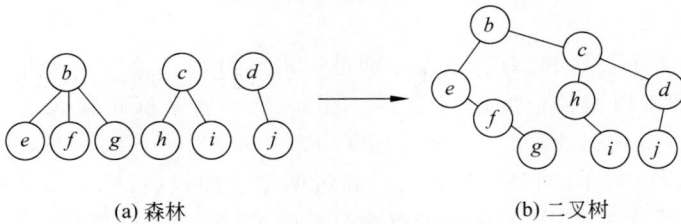

(a) 森林　　　　　　　　　　　　　　　　　(b) 二叉树

图 3.12　森林转换为二叉树

二叉树转换成森林则是森林转换成二叉树的逆变换，即首先将二叉树根结点与其右孩子连线去掉,二叉树就变成森林了;其次,将各个二叉树转换成树。

3.3.3 树和森林的遍历

1. 树的遍历

树的遍历包括先根遍历、后根遍历以及按层次遍历三种方式。先根遍历是先访问根结点,然后依次从左到右先根遍历根的各棵子树。后根遍历则是先依次从左到右后根遍历根的各棵子树,然后访问根结点。按层次遍历是自上至下自左至右访问树中每个结点。

依然以图 3.11(a)所示的树为例,树的先根遍历序列是 *abefgchidj*,后根遍历序列是 *efgbhicjda*,层次遍历序列是 *abcdefghij*。

2. 森林的遍历

森林的遍历有先序遍历和中序遍历两种方式。先序遍历是先访问森林中第一棵树的根结点,然后先序遍历第一棵树中的子树,最后先序遍历剩余的树。中序遍历是先遍历第一棵树的子树,然后访问第一棵树的根结点,最后中序遍历剩余的树。森林的先序和中序遍历方式和树的先根和后根遍历近似。

例如,在图 3.12(a)所示的森林中,森林的先序遍历序列是 *befgchidj*,森林的中序遍历序列是 *efgbhicjd*。

3.4 哈夫曼树

路径是从树中一个结点到另一个结点经过的分支,**路径长度**为路径上的分支数目,而**树的路径长度**为从树根到每一结点的路径长度之和。如图 3.13 所示的两个二叉树,左边树的路径长度为 $2\times1+2\times2+2\times3=12$,右边树的路径长度为 $2\times1+4\times2=10$。似乎是完全二叉树或者满二叉树的路径长度最小,但是如果给每个结点都赋有权值,那么权值乘以路径长度的总和,是否还是完全二叉树或满二叉树最小?

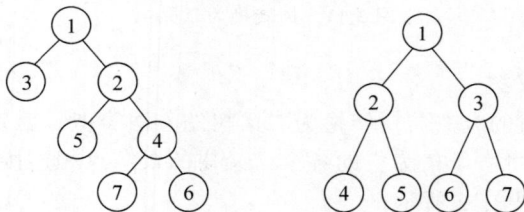

图 3.13　两种形式的二叉树

假如现在有 4 个带权的结点,权值分别是 3、4、5 和 6,由这 4 个带权值的结点构造一棵树,要求是权值乘以路径长度总和最小。图 3.14(a)的带权路径长度为 $3\times(4+3)+2\times8+1\times9=46$,图 3.14(b)的带权路径长度为 $2\times(4+3+8+9)=48$,图 3.14(c)的带权路径长度为 $2\times(4+3)+3\times(8+9)=65$。这说明结点加权后,完全二叉树不是权值乘以路径长度最小的最优二叉树,最优的带权路径长度是图 3.14(a)的树,该树或满二叉树又被称为哈夫曼树。

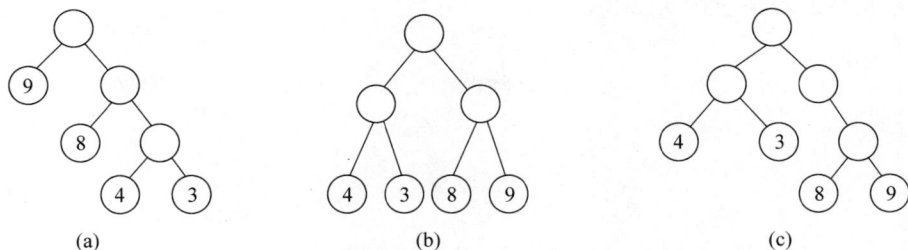

图 **3.14**　三种结点带权的树

3.4.1　哈夫曼树

哈夫曼树(Huffman Tree)是一种带权路径长度最短的最优二叉树。**带权路径长度**是叶子结点的权值乘以该结点的路径长度。**带权路径长度最短**是指所有叶子结点的带权路径长度的总和最小,树的带权路径长度最短就是一棵**最优树**,也叫**哈夫曼树**。

哈夫曼树带权路径长度的计算公式为

$$\mathrm{WPL} = \sum_{k=1}^{n} w_k l_k$$

其中,w_k 表示叶子结点的权值,l_k 表示叶子结点的路径长度。WPL 是 Weighted Path Length(权值路径长度)的缩写,表示的是各个叶子结点的权值乘以该结点路径长度的总和。其实,构造一棵最优的哈夫曼树是有规律的。分析图 3.14(a)中各个不同权值结点的位置,发现权值大的结点放在路径短的位置,权值小的结点放在路径长的位置。权值大的结点离根最近,这样才能形成一棵哈夫曼树。

构造一棵哈夫曼树的思路是:首先,选两个权值最小的叶子结点作为左右孩子结点构建一个双亲结点,双亲结点的权值是左右孩子结点权值的和。然后,将双亲结点的权值和剩余结点的权值比较,再选出两个权值最小的结点作为左右结点再构造双亲结点,以此类推,直到全部结点都在这棵构造的树里,哈夫曼树构造完成。

构造哈夫曼树的算法如下。

步骤 1:设有 n 个叶子结点集合,结点的权值分别为 $\{w_1, w_2, \cdots, w_n\}$。

步骤 2:在结点集合中,选取两个权值最小的结点作为左右孩子结点,构造它们的双亲结点,双亲结点的权值为其左右孩子结点权值之和。

步骤 3:从结点集合中删除左右孩子结点,将它们的双亲结点加入结点集合。

步骤 4:返回步骤 2,直到结点集合里只有一个根结点为止。

步骤 5:算法结束。

注意:哈夫曼树的形态不是唯一的,但对于一组权值的结点来说,其带权路径长度 WPL 的值是最小且唯一的。

例 6　有一组结点的权值集合为 $\{3, 4, 7, 8, 9\}$,要求构造一棵哈夫曼树。

解答:

结点的选择过程为 $\{3, 4, 7, 8, 9\} \underset{(3,4)}{\Rightarrow} \{7, 7, 8, 9\} \underset{(7,7)}{\Rightarrow} \{14, 8, 9\} \underset{(8,9)}{\Rightarrow} \{14, 17\} \underset{(14,17)}{\Rightarrow} \{31\}$,用

图来表示构造的哈夫曼树如图 3.15 所示。

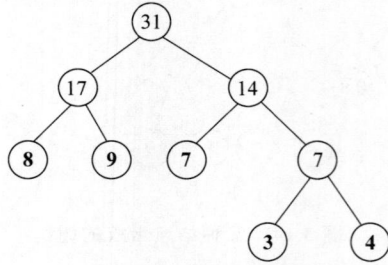

图 3.15   哈夫曼树的构造

例 7 学生成绩的统计。60 以下的人数占总人数的比例是 0.10,60(含)~70(不含)分的人数占比是 0.20,70(含)~80(不含)分占比为 0.40,80(含)~90(不含)分的占比是 0.20,90(含)~100(含)分的占比是 0.10,要求构造学生成绩分布的哈夫曼树。

解答:

根据哈夫曼树编制期末成绩的条件判断语句的程序时,按照树从根结点往下判断的原则,条件语句要先判断占总人数最多的即分数为 70~80 分的,然后判断 80~90 分的和 60~70 分的,最后判断 60 分以下和 90 分以上的。即人数多的调用的机会多要先判断,放在程序的前面步骤进行,人数少的调用的次数少放在后面来判断。人数少的虽然在程序的后面,要经过前面的多个步骤才能执行,但是调用的机会少,即调用多的计算步骤少,调用少的计算步骤多,这样对于整个程序的计算总步骤来说少了,程序运行效率就提高了。因此,根据哈夫曼树的原理来设计程序的执行顺序有助于提高程序的运行效率。

构造的哈夫曼树如图 3.16 所示。

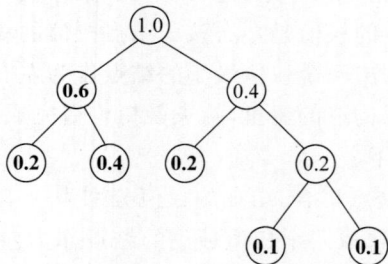

图 3.16   期末成绩的哈夫曼树

3.4.2   哈夫曼编码

假如字母 C 被使用的频率是 0.8,字母 U 被使用的频率是 0.6,字母 P 被使用的频率是 0.3,字母 K 被使用的频率是 0.2,由它们组成的哈夫曼树如图 3.17 所示。如果在哈夫曼树的分支上加标记,左分支标 0,右分支标 1,那么图 3.17 就成为一棵哈夫曼编码树。字母 C 的编码是 0,字母 U 的编码是 10,字母 P 的编码是 110,字母 K 的编码是 111。如果想表示 CUP,用哈夫曼编码则是 010110,CPU 的编码是 011010,PUCK 的编码是 110100111。

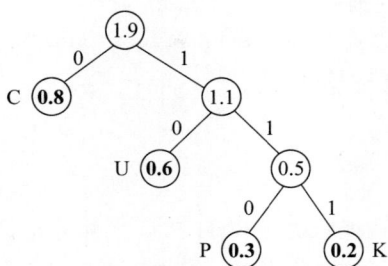

图 3.17　哈夫曼编码树

其实哈夫曼编码来源于很久之前的远距离通信密码,即将需传送的文字转换为由二进制的字符组成的字符串。发射端用一棵哈夫曼编码树发出需传输的二进制密码,接收端用同一棵哈夫曼编码树进行解码。哈夫曼编码是不等长编码,其优点是能使用最少的字符包含最多的信息,而且任意一个字符的编码都不是另一个字符编码的前缀,保证了编码结果的唯一性。

哈夫曼编码树的结构定义:

```
typedef struct {
    unsigned int weight;
    unsigned int parent, lchild, rchild;
}HTNode, * HuffmanTree;
typedef char **HuffmanCode;
```

哈夫曼编码树的算法:

```
void HuffmanCoding(HuffmanTree &HT, HuffmanCode &HC, int * w, int n)
{ if (n<=1) return;
  m=2 * n-1;
  HT= (HuffmanTree)malloc((m+1) * sizeof(HTNode));
  for (p=HT, p++, i=1; i<=n; ++i, ++p, ++w)   * p={ * w,0,0,0};
  for ( ; i<=m;++i,++p)   * p={0,0,0,0};
  for (i=n+1; i<=m; ++i)
  { Select (HT, i-1, s1, s2)
    HT[s1].parent= i; HT[s2].parent=i;
    HT[i].lchild=s1; HT[i].rchild=s2;
    HT[i].weight= HT[s1].weight + HT[s2].weight;
  }
  HC= (HuffmanCode)malloc((n+1) * sizeof(char * ));
  cd=(char * )malloc(n * sizeof(char));
  cd[n-1]="\0";
  for ( i=1; i<=n;++i )
  { start=n-1;
    for (c=i, f=HT[i].parent; f!=0; c=f, f=HT[f].parent)
```

```
        if(HT[f].lchild==c)   cd[--start]="0";
        else cd[--start]="1";
     HC[i]=(char *)malloc((n-start) * sizeof(char));
     strcpy(HC[i], &cd[start])
   }
   free(cd);
}
```

算法的前半部分是构造一棵哈夫曼树 HT，后半部分是构造哈夫曼编码 HC。

HT$[2n-1]$数组包含 4 个域，分别是：权 weight、双亲分支 parent、左子树 lchild 和右子树 rchild。cd 是编码标志变量数组$[n]$（0 或者 1），start 是编码的位置序号，HC 是存储编码的一维数组。

小　　结

本章首先阐述了数据的第二种逻辑存储结构——树状结构，以二叉树为典型给出了树的顺序和链式存储结构，介绍了二叉树的典型操作——树的遍历。然后，介绍了树和森林的存储结构和遍历操作，以及树、森林与二叉树的转换方法。最后，介绍了树的应用——哈夫曼树和哈夫曼编码树。

第 **4** 章　图状或网状数据结构

CHAPTER

本章摘要：本章是数据三种逻辑结构的第三种——图状或网状结构。继第 2 章和第 3 章介绍的线性结构和树状结构之后,最复杂的图或网状逻辑结构将在本章讲述。内容包括图这种结构特有的一些基本的概念和术语,图的逻辑和物理存储结构,图的遍历操作和图或网状结构的应用。

重点内容和关键词：图的深度优先遍历和广度优先遍历,最小生成树,最短路径,关键路径,拓扑排序和旅行商问题。

导读手册：4.1 节介绍图的基本概念和术语,4.2 节给出图的物理存储结构,4.3 节阐述图的遍历操作,4.4 节给出图的 5 种典型的应用示例。

4.1　图的基本概念

图是比线性表和树都更复杂的数据结构,可以广泛应用于语言识别、图像处理、声音合成以及各种其他的领域。相较于线性表的唯一前驱和后继,以及树的一个前驱和多个后继,图的特点是每个数据元素有多个前驱和多个后继。鉴于图具有多个直接前驱与多个直接后继的复杂的数据关系,下面将从图的逻辑结构的定义开始介绍。

1. 图的逻辑结构的定义

ADT Graph {

　　数据对象 V：V 是具有相同特性的数据元素的集合,称为顶点集。

　　数据关系 R：$R = \{<v, w> \mid v, w \in V, <v, w>$ 表示有向图从 v 到 w 的弧$\}$ 或 $R = \{(v, w) \mid v, w \in V, (v, w)$ 表示无向图 v 和 w 之间连接的边$\}$

}

示例：

图 4.1(a)中有向图 $G_1 = (V_1, R_1)$,其中,$V_1 = \{1, 2, 3, 4\}$,$R_1 = \{<1, 2>, <2, 3>, <2, 4>, <4, 3>\}$。

有向图用弧连接的顶点是有序的,弧用尖括号表示。例如,$<1, 2>$ 表

示从顶点 1 出发到顶点 2 的弧;反之,<2,1>表示从顶点 2 到顶点 1 的弧,<1,2>和
<2,1>是两个不同的弧。

图 4.1(c)中无向图 $G_2=\{V_2,R_2\}$,其中,$V_2=\{1,2,3,4,5\}$,$R_2=\{(1,3),(1,4),(1,5),(2,3),(2,4),(2,5)\}$。

无向图的边用圆括号表示,用边连接的两个顶点是无序的。例如,边(1,3)和边(3,1)
是同一个边。

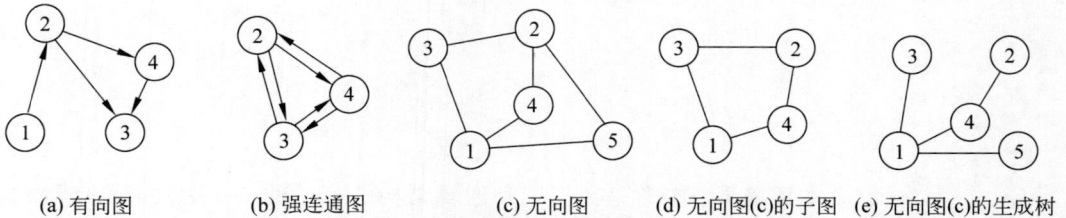

| (a) 有向图 | (b) 强连通图 | (c) 无向图 | (d) 无向图(c)的子图 | (e) 无向图(c)的生成树 |

图 4.1 有向图、强连通图、无向图、子图和生成树

2. 图的术语

图:由两个集合 $V(G)$ 和 $E(G)$ 组成,记为 $G=(V,E)$。其中,$V(G)$ 是顶点的非空有限集,$E(G)$ 是边或弧的有限集合,边是顶点的无序对,弧是顶点的有序对。

有向图:弧是顶点的有序对,记为 $<v,w>$,v,w 是顶点,v 为弧尾,w 为弧头。

无向图:边是顶点的无序对,记为 (v,w) 或 (w,v),并且 $(v,w)=(w,v)$。

有向完全图:n 个顶点的有向图含有 $n(n-1)$ 条弧。

无向完全图:对 n 个顶点的无向图,共有 $n(n-1)/2$ 条边。

网:带权的图。权是在图的边或弧上赋予一定的值,表示从一个顶点到另一个顶点的距离、花费等意义的值。

稀疏(稠密)图:边或弧比较少的图。

子图:对于图 G 和图 G',若 $V(G')\subseteq V(G)$,$E(G')\subseteq E(G)$,则称 G' 为 G 的子图,如图 4.1(d)所示。

顶点的度:无向图中,顶点的度是与每个顶点相连的边数。有向图中,顶点的度分为入度与出度。入度指进入该顶点的弧的数目。出度指从该顶点出发的弧的数目。例如,图 4.1(a)中,顶点 2 的入度为 1,顶点 2 的出度为 2。

路径:从一个顶点到另一个顶点所经过的边或者弧。

路径长度:路径上边或弧的数目。

简单路径:序列中顶点不重复出现的路径。

回路:第一个顶点和最后一个顶点相同的路径。

简单回路:除了第一个顶点和最后一个顶点外,其余顶点不重复出现的回路。

连通:无向图中,如果顶点 V 到顶点 W 有路径,则 V 和 W 是连通的。

连通图:无向图中任意两个顶点都是连通的,与之相反的是非连通图。

连通分量:无向连通图极大连通子图,即子图中的顶点和边数是所有子图中最多的。

强连通图:有向图中,对于每一对 $V_i,V_j\in V$,$V_i\neq V_j$,从 V_i 到 V_j 和从 V_j 到 V_i 都

存在路径,如图 4.1(b)所示。

　　生成树:一个含有 n 个顶点的连通图的生成树是该图中的一个极小连通子图,它包含图中 n 个顶点和足以构成一棵树的 $n-1$ 条边,如图 4.1(e)所示。

　　生成森林:对于非连通图,其每个连通分量构造一棵生成树,合成起来就是一个生成森林。

4.2　图的物理存储结构

　　图的物理存储结构包括二维矩阵表示法、邻接表表示法和十字链表表示法,这些图的物理存储方法将在下面介绍。

4.2.1　二维矩阵存储

　　图的二维矩阵表示法也叫二维数组表示法,假设图 G 中顶点数为 n,边的集合为 $E(G)$,则二维矩阵 A 定义为

$$A[i,j] = \begin{cases} 1, & (v_i,v_j)或<v_i,v_j> \in E(G) \\ 0, & 其他 \end{cases}$$

网的弧(边上有权值)的二维矩阵 A 的定义为

$$A[i,j] = \begin{cases} a_{i,j}, & (v_i,v_j)或<v_i,v_j> \in E(G) \\ \infty, & 其他 \end{cases}$$

当 v_i 到 v_j 有弧连接时,a_{ij} 的值为弧上的权值,否则为 ∞。

二维矩阵的物理存储结构的定义:

```
typedef struct {
    VertexType vexs[MAX_VERTEX_NUM];
    AdjMatrix arcs;
    int vexnum, arcnum;
    GraphKind kind;
} MGraph;
```

　　其中,vexs 是顶点的数组名,MAX_VERTEX_NUM 是顶点的最大个数,arcs 是表示弧或边的二维数组,vexnum 是顶点的个数,arcnum 是边或弧的个数,kind 表示图或网的类型。

　　相关量的定义如下。

```
#define  INFINITY  INT_MAX;
#define  MAX_VERTEX_NUM  20;
typedef enum {DG, DN, UDG, UDN} GraphKind;
typedef struct ArcCell {
VRType adj;
InfoType * info;
} ArcCell, AdjMatrix[MAX_VERTEX_NUM][MAX_VERTEX_NUM];
```

其中,INT_MAX 的最大值是∞,MAX_VERTEX_NUM 表示最大顶点个数是 20,图的类型 GraphKind 有 4 种:有向图 DG、有向网 DN、无向图 UDG 和无向网 UDN。ArcCell 是图或网的名字,VRType 是顶点的类型,* info 是边或者弧的相关信息:对于无权图是 1 或 0,带权图则为权值的类型。

在图 4.2 中,图 4.2(a)是有向图 DG,图 4.2(b)是有向网 DN,图 4.2(c)是无向图 UDG,图 4.2(d)是无向网 UDN。

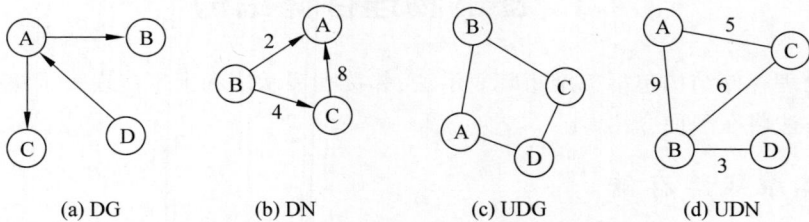

| (a) DG | (b) DN | (c) UDG | (d) UDN |

图 4.2 有向图、有向网、无向图以及无向网示例

图 4.2(a)有向图 DG 对应的顶点信息、顶点数、弧数、类型和二维矩阵分别为
DG.vexs=[A,B,C,D],DG.vexnum=4,DG.arcnum=3,DG.kind=DG,

$$DG.arcs = \begin{bmatrix} 0 & 1 & 1 & 0 \\ 0 & 0 & 0 & 0 \\ 0 & 0 & 0 & 0 \\ 1 & 0 & 0 & 0 \end{bmatrix}$$

图 4.2(d)无向网 UDN 对应的顶点信息、顶点数、边数、类型和二维矩阵分别为
UDN.vexs=[A,B,C,D],UDN.vexnum=4,UDN.arcnum=4,UDN.kind=UDN,

$$UDN.arcs = \begin{bmatrix} 0 & 9 & 5 & 0 \\ 9 & 0 & 6 & 3 \\ 5 & 6 & 0 & 0 \\ 0 & 3 & 0 & 0 \end{bmatrix}$$

由上述可知,无向图或网的二维矩阵是对称的,有 n 个顶点的无向图或网存储空间为 $n(n+1)/2$,而有向图或网的二维矩阵不一定对称,有 n 个顶点的有向图需要存储空间为 n^2。无向图中顶点 V_i 的度是矩阵中第 i 行元素个数之和。有向图中,顶点 V_i 的出度是矩阵 **A** 中第 i 行元素个数之和,顶点 V_i 的入度是第 i 列元素个数之和。二维矩阵存储的优点是容易判定顶点间有无边或弧,且容易计算顶点的度(出度和入度),缺点是边或弧的个数较少时,存储空间浪费大。

4.2.2 邻接表存储

由于二维矩阵存储空间浪费较大,于是设想用一维数组加单链表的邻接表的形式来存储图或网。一维数组存储结点(顶点)信息,包括结点的数值域 data 以及指针域 * firstarc(指向与结点相连的第一个结点)。单链表存储的是与一维数组中结点相连的结点的信息,包括结点在一维数组中的地址域 adjvex、弧的权值域 info、指针域 * nextarc(指向与一维数组结点相连的下一个结点）。图的邻接表的物理存储结构的定义包括三个部分：一维数组结点结构的定义 VNode，与数组相连的单链表结点结构的定义 ArcNode，一维数组加单链表组成的邻接表结构的定义 ALGraph。邻接表 ALGraph 的物理存储结构里包括结点的一维数组 vertices、图或网的结点数 vexnum 和弧数 arcnum，还有图或网的种类 kind。

图的邻接表物理存储结构的定义：

```
#define MAX_VERTEX_NUM  20;
typedef struct VNode {
    VertexType   data;
    ArcNode   * firstarc;
} AdjList;
typedef struct ArcNode {
    int adjvex;
    InfoType info;
    struct ArcNode   * nextarc;
} ArcNode;
typedef struct {
    AdjList vertices;
    int vexnum, arcnum;
    int kind;
} ALGraph;
```

注意：邻接表物理存储是典型的数据结构定义，体会一下一维数组 AdjList、单链表 ArcNode 和邻接表 ALGraph 这三个定义之间是怎么关联的。一维数组 AdjList 中的顶点 VNode 中的指针域 * firstarc 的数据类型是单链表 ArcNode 类型，这样一维数组和单链表就关联起来了。邻接表 ALGraph 中的顶点的类型是一维数组 AdjList。至此，三个表的定义就关联了，邻接表的定义就完成了。

用邻接表存储有向图（图 4.2(a)）和无向网（图 4.2(d)），分别如图 4.3 和图 4.4 所示。对于图来说，由于不需要存储弧的权值，所以图 4.3 中的单链表只有两个域，少了弧的权值域 info。对于网来说，因为需要存储弧的权值，所以图 4.4 中的单链表有三个域，多了弧的权值域 info。下面将给出有向图邻接表和无向图邻接表示例。

图 4.3 是有向图，一维数组的 firstarc 域指向的是从 data 域结点出发的弧，所以该结点的出度对应的是单链表中结点个数。例如，结点 A 的出度为 2，结点 D 的出度为 1，结点 B 和 C 的出度均为 0。

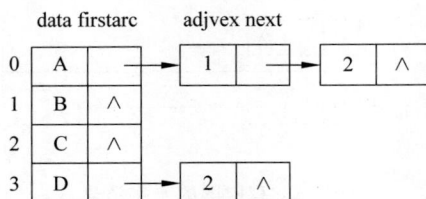

图 4.3　有向图的邻接表存储

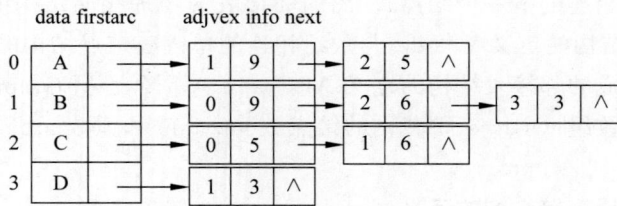

图 4.4 无向网的邻接表存储

但是如果要计算结点的入度，邻接表则不容易得出，需要建立一个逆邻接表。逆邻接表的 firstarc 域指向的是进入 data 域结点的弧，依然以有向图 4.2(a)为例，该逆邻接表如图 4.5 所示。

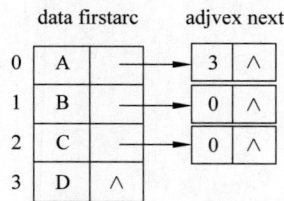

图 4.5 有向图的逆邻接表

在逆邻接表中，结点的入度对应的是该结点连接的单链表中结点的个数，图 4.5 中，结点 A、B 和 C 的入度皆为 1，结点 D 的入度为 0。一般来说，计算结点的出度用邻接表来存储，计算结点的入度则要用逆邻接表来存储。如果既要计算出度同时又要计算入度，就用十字链表来存储。

4.2.3　十字链表存储

当一个有向图的出度和入度需要同时计算时，就需要把邻接表和逆邻接表组合起来形成十字链表。**十字链表的特点**是其单链表结点的位置是按照二维矩阵顶点的行和列的位置放置的，即**十字链表的存储**是组合了二维矩阵、邻接表和逆邻接表三种形式，如图 4.6 所示。

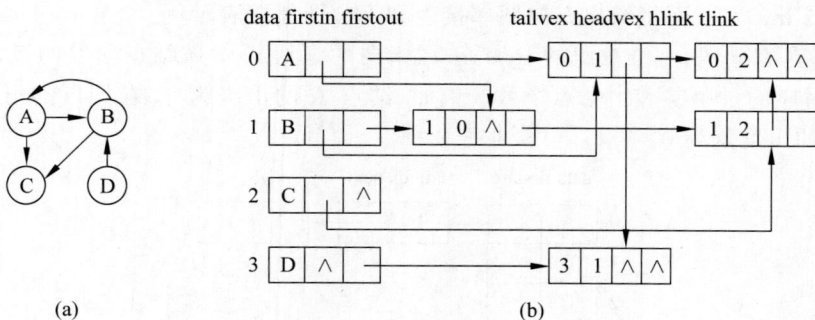

图 4.6 有向图的十字链表

在图 4.6 的十字链表存储中包括两个部分：左侧是顶点的一维数组的存储,右侧是弧的单链表矩阵的存储。一维数组顶点有三个域：数值域 data、进入顶点的弧 firstin 和从该顶点出发的弧 firstout。弧单链表矩阵结点包括 4 个域：弧尾结点 tailvex、弧头结点 headvex、指针 hlink(指向弧头相同的下一个结点)和指针 tlink(指向弧尾相同的下一个结点)。

注意：①图 4.6 左侧一维数组表示的是顶点,计算顶点的出度和入度要从顶点出发计算连接右侧矩阵中弧的个数来计算,firstout 指针连接的弧结点的个数是顶点的出度,firstin 指针连接的弧的个数是顶点的入度。②右侧单链表矩阵中的结点表示的是弧,弧所在的位置是按照行和列顶点交叉的位置放置的,图 4.6 中 0 1 结点表示的是弧尾是 0、弧头是 1 的从顶点 A 到顶点 B 的弧。弧结点的 firstout 指针是连接同一个顶点发出的弧,firstin 指针连接的是同一个顶点进入的弧。③firstout 和 firstin 指针会指向同一个弧,表示从该顶点出发的弧,但是这个弧同时又进入另一个顶点。例如：矩阵中的 0 1 结点同时有 firstout 和 firstin 指针指向它,表示该弧连接的是不同的顶点,一个是顶点出发的弧,另一个是弧到达的顶点。

4.3　图的遍历

和树的遍历形式相比,图访问顶点的遍历形式有两种：深度优先遍历(Depth First Search,DFS)和广度优先遍历(Breadth First Search,BFS)。无论哪种遍历形式都要求确保图中每个顶点都被访问到,而且每个顶点只能被访问一次。

4.3.1　图的深度优先遍历

深度优先遍历是从图的某一顶点 V_0 出发首先访问该顶点,然后访问 V_0 未被访问的一个邻接点 W_1,再从 W_1 出发访问 W_1 未被访问的邻接点 W_2,以此类推,访问图中每一个未被访问的顶点,每个顶点只能被访问一次。

文字描述的图的深度优先遍历的算法如下。

步骤 1：选定某一顶点 V_0,访问 V_0。

步骤 2：访问任意一个与 V_0 邻接的顶点 W_1。

步骤 3：再从 W_1 出发访问与 W_1 邻接且未被访问过的任意一个顶点 W_2。

步骤 4：重复以上过程,直到所有邻接顶点都被访问过为止。

步骤 5：退回到尚有邻接点未被访问过的顶点,再从该顶点出发访问。

步骤 6：如果还有顶点未被访问,则访问该顶点以及该顶点的邻接顶点。

步骤 7：图中所有顶点都被访问,算法结束。

示例：根据深度优先遍历算法,图 4.7 中顶点深度优先遍历的顺序为 $V_1—V_2—V_4—V_8—V_5—V_6—V_3—V_7$,还可以是 $V_1—V_2—V_5—V_8—V_6—V_3—V_7—V_4$。也就是说,图的深度优先遍历的结果,即深度优先遍历的顺序是不唯一的。

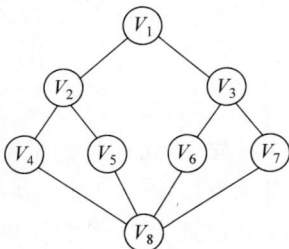

图 4.7　图的深度优先遍历

代码描述的图的深度优先遍历的算法：

```
Boolean visited[MAX];
Status ( * visitFunc)(int v);
void DFSTraverse(Graph G, Status( * visit)(int v))
{   visitFunc=visit;
    for (v=0; v<G.vexnum; ++v)
    visited[v] = FALSE;
    for (v=0; v<G.vexnum; ++v)
    if (!visited[v]) DFS(G, v);
}
void DFS(Graph G, int v)
{   visitFunc(v);
    visited[v] = TRUE;
    for ( w=FirstAdjVex(G,v); w>=0;w=NextAdjVex(G,v,w))
        if (!visited[w]) DFS(G, w);
}
```

在 DFSTraverse 算法中，为了避免同一个顶点被多次访问，可以设置一个辅助数组 visited[]。初始时，数组元素的值都为 false，表示未被遍历，一旦该顶点被访问，就将其设置为 true。深度优先搜索 DFS 算法是从第 v 个顶点出发递归地对图 G 进行遍历，对 v 的尚未访问过的邻接顶点 w 递归调用深度优先搜索 DFS 算法。

深度优先遍历算法的流程图，如图 4.8 所示。

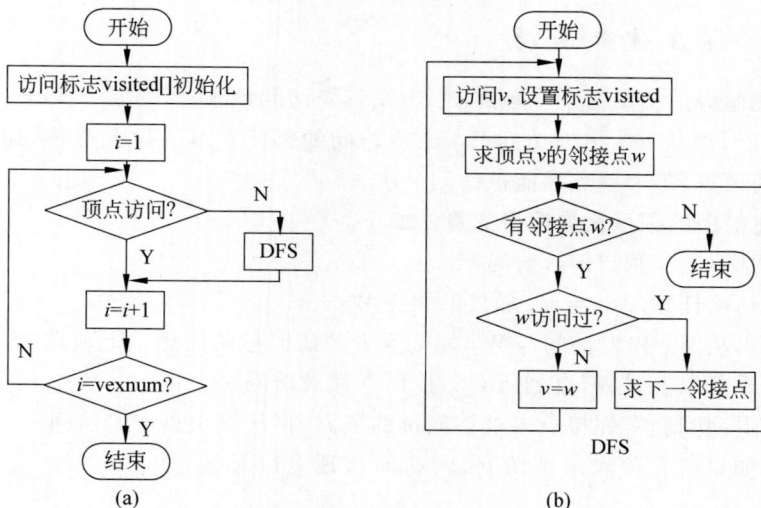

图 4.8 深度优先遍历算法的流程图

首先，给访问标志量 visited 设置初始化的值；其次，进入循环体，深度优先遍历，直到所有顶点均被访问过。其中，深度优先遍历的过程是：将被访问的顶点 V 的访问标志量 visited 设置为 1，然后找顶点 V 的邻接点 W，判断邻接点 W 是否被访问过，重复上述处理;然后,再求 W 的邻接点,以此类推。

　　深度优先遍历算法的时间复杂度取决于图所采用的存储结构。当 n 个顶点的图采用二维矩阵存储时,查询每个顶点的邻接点所需的时间复杂度为 $O(n^2)$。当采用邻接表作为存储结构时,查找每个邻接点所耗费的时间主要取决于边的个数 e,此时深度优先遍历算法的时间复杂度为 $O(n+e)$。

4.3.2　图的广度优先遍历

　　图的广度优先遍历就是从图的某一顶点 V_0 出发访问该顶点后,依次访问 V_0 所有的未曾访问过的邻接点(**注意**:这里是访问所有的邻接点,而不是深度优先搜索只访问一个邻接点);然后再分别从这些邻接点出发,广度优先遍历,直至图中所有邻接点都被访问到;若此时图中尚有顶点未被访问,则从该顶点起,重复上述过程,直至图中所有顶点都被访问为止。总之,图的广度优先遍历类似于树的层次遍历。其过程就是以 V 为起始点,由近至远,依次访问和 V 有路径相通的顶点。

　　图 4.7 的广度优先遍历的结果为 $V_1—V_2—V_3—V_4—V_5—V_6—V_7—V_8$。注意:若不给定存储结构,广度优先遍历的结果不唯一。因为没有规定哪个顶点是第一邻接点。若给定存储结构,例如,队列存储后,广度优先遍历的结果是唯一的。因为借助队列先被访问顶点的邻接点要先于后被访问顶点的邻接点。

　　代码描述的广度优先遍历算法:

```
void BFSTraverse(Graph G, Status( * visit)(int v))
{   for (v=0; v<G.vexnum; ++v)
    visited[v] = FALSE;
    InitQueue(Q);
    for ( v=0; v<G.vexnum; ++v )
    if ( !visited[v])
    {   visited[v] = TRUE;
        Visit (v);
        EnQueue(Q, v);
        while (!QueueEmpty(Q))
        {   DeQueue(Q, u);
            for ( w=FirstAjdVex(G,u); w>=0; w=NextAjdVex(G,u,w))
            if (! visited[w] )
            {   visited[w] = TRUE;
                Visit(w);
                EnQueue(Q, w);
            }
        }
    }
    DestroyQueue(Q);
}
```

　　广度优先遍历流程图,如图 4.9 所示。广度优先遍历的时间复杂度和深度优先遍相同，只是两者对顶点的访问顺序不同。

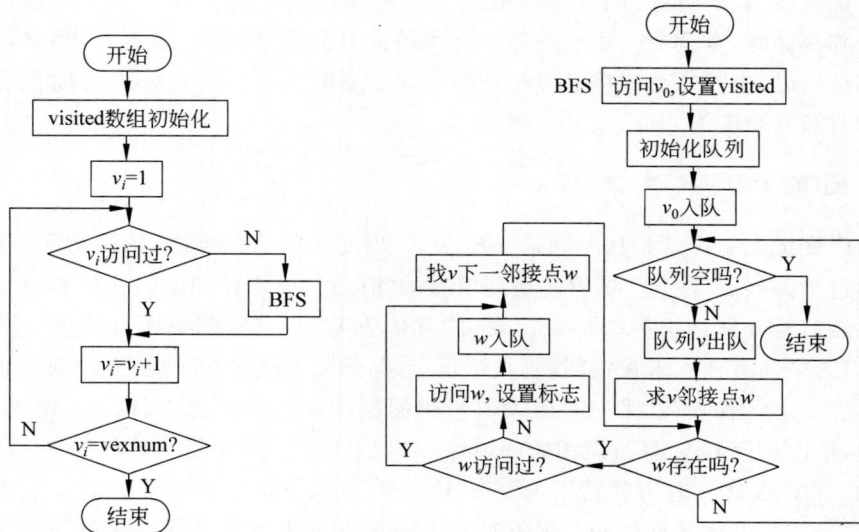

图 4.9　广度优先遍历算法的队列存储流程图

4.4　图的应用

在三种典型的数据结构——线性表、树和图中，图可以说是最复杂的数据结构，也是能够描述最普遍的客观事物和问题的结构；因此，也是具有最多应用的数据结构。本节要介绍最小生成树、最短路径、拓扑排序、关键路径和旅行商问题等 5 种图的应用问题。从图求解最小生成树的过程，就是把图转换为存储结构更为完善的树的结构问题。最短路径和拓扑排序组合起来就成为旅行商问题，也就是当今人们最为熟悉的送外卖、送快递的最优路径问题；这部分是本书独有的内容，也是为了与时俱进更好地适应市场需求的尝试。关键路径是领域性比较强的工程进度问题，但是可以举一反三，学习解决问题的方法和思路，迎接未来更多应用领域的挑战。

4.4.1　最小生成树

生成树是包括图中的所有顶点，而所有顶点都由边连接起来且不存在回路的树。即有 n 个顶点的连通图的生成树有 $n-1$ 条边。一个图的生成树不唯一，可以生成多棵不同的生成树。

对于连通图，通过深度优先遍历形成深度优先生成树，而通过广度优先遍历则形成广度优先生成树，如图 4.10 所示。对于非连通图，每个连通分量的顶点和边构成若干棵生成树，多棵生成树则形成生成森林。

如果生成树的边有权值，就是网。通常权值代表一定的意义，例如，连通网表示在 n 个居民点之间架设的通信线路，网中边的权值表示架设该线路所需的费用。n 个居民点

(a) 深度优先生成树

(b) 广度优先生成树

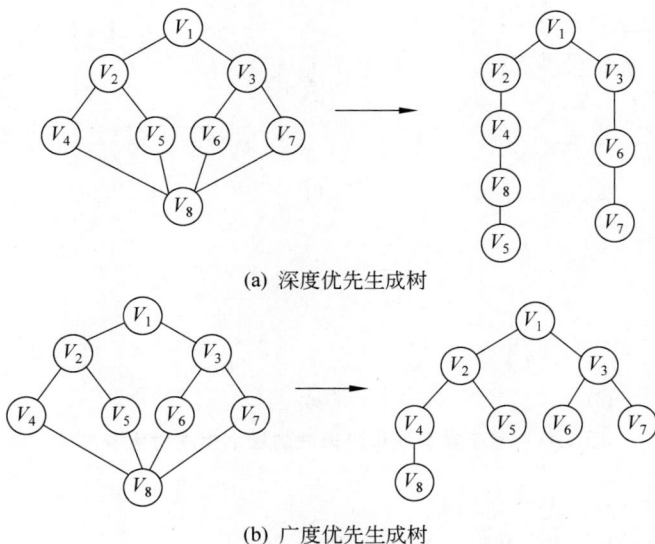

图 4.10　深度优先生成树与广度优先生成树

的通信网只需架设 $n-1$ 条线路,但 $n-1$ 条线路不唯一。问题是哪个线路总的工程费用最低,即如果网中 $n-1$ 条边的权值之和最小,则称这棵生成树就是最小生成树。经典的构成最小生成树的算法有两种:克鲁斯卡尔(Kruskal)算法和普里姆(Prim)算法。

1. 克鲁斯卡尔算法

克鲁斯卡尔算法的思想:为了使生成树上总的权值之和达到最小,则把所有边上的权值按照从小到大的顺序排列,从权值最小的边选起,直至选出 $n-1$ 条,生成总的权值之和最小的生成树为止。克鲁斯卡尔算法还有一个技巧在于给 n 个顶点设置 n 个集合,只有处于不同集合顶点之间的边才能被选择。通过边上权值和顶点集合的限制,最后才能构成没有回路的最小生成树。

文字描述的克鲁斯卡尔算法如下。

步骤 1:将图中 n 个顶点分别设为 n 个集合。

步骤 2:选取权值最小的边,若依附该边的两个顶点处于不同的顶点集合,则将两个顶点集合合并为一个顶点集合;否则,舍去此边,选取下一条权值最小的边。

步骤 3:以此类推,直至图中所有顶点集合都合并为同一个集合为止。

图 4.11 给出了利用克鲁斯卡尔算法构造最小生成树的过程。

代码描述的克鲁斯卡尔算法:

```
void minitree_KRUSKAL(void)
{   int n,i,m,min,k,j;
    VEX t[M];
    EDGE e[M];
    printf("Input number of vertex and edge:");
    scanf("%d,%d",&n,&m);
```

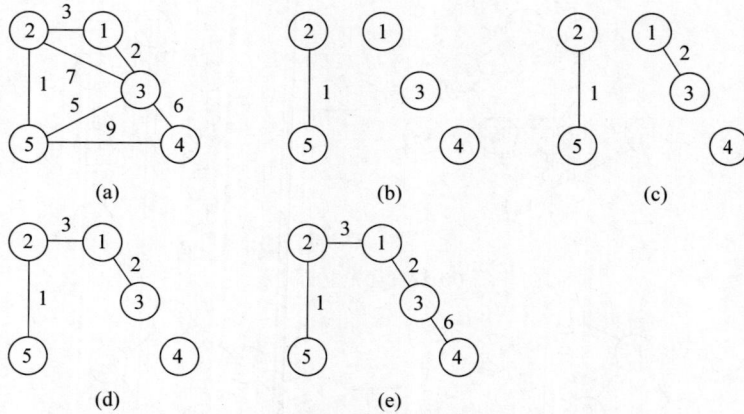

图 4.11　基于克鲁斯卡尔算法的最小生成树构造过程

```
for (i=1; i<=n;i++){
    printf("t[%d].data=:",i);
    scanf("%d",&t[i].data);
    t[i].set=i;}
for (i=0; i<m; i++) {
    printf("vexh,vext,weight:");
    scanf("%d,%d,%d",&e[i].vexh,&e[i].vext,&e[i].weight);
    e[i].flag=0;}
i=1;
while (i<n)
{   min=MAX;
    for (j=0; j<m; j++)
        if(e[j].weight<min && e[j].flag==0)
            { min=e[j].weight;   k=j; }
    if(t[e[k].vexh].set!=t[e[k].vext].set)
    {   e[k].flag=1;
        t[e[k].vext].set=t[e[k].vexh].set;
        for (j=1;j<=n; j++)
            if(t[j].set==t[e[k].vext].set)
                t[j].set=t[e[k].vexh].set;
        i++;
    }
    else
    e[k].flag=2;
}
for(i=0;i<m;i++)
    if(e[i].flag==1)
        printf("%d,%d :%d\n",e[i].vexh,e[i].vext,e[i].weight);
}
```

说明：代码实现的 Kruskal 算法包括以下步骤。

（1）顶点和边用顶点数组和边数组存放，每个顶点初始时都是单独一个集合，每个边的初始 flag 值为 0。

（2）选出权值最小且 flag 为 0 的边。

（3）若依附该边的两个顶点处于不同的集合，即 set 值不同，是非连通的，则选中该边，令其 flag=1；然后将依附该边的两个顶点集合合并为一个集合。

若依附该边的两个顶点处于一个集合，set 值相同，则连通，令该边的 flag=2，舍去该边。

（4）重复上述步骤，直到选出 $n-1$ 条边为止。

2. 普里姆算法

普里姆(Prim)算法的基本思想是：首先选取图中任意一个顶点 v 作为顶点集合，也是生成树的根，然后搜索与该点相连的边，选取权值最小的边的邻接点 w 加入 v 的顶点集合；再从这个新的集合中的顶点开始，找权值最小的边，重复上述步骤，直至所有顶点都加入该集合为止。这个过程中所有的顶点和边就构成了最小生成树。

图 4.12 展示了利用普里姆算法构造最小生成树的过程。在该例中，从顶点集合{2}开始，和顶点 2 相连的边的最小权值是 1，将该边的另一个顶点 5 加入顶点集合中。从该顶点集合{2,5}开始，找除了已找过的权值为 1 的边之外的且边的另一个顶点不在该顶点集合中的边，选定最小权值为 3 的边，将该边的另一个顶点 1 加入集合中{2,5,1}。以此类推，直至所有顶点都在集合中为止。

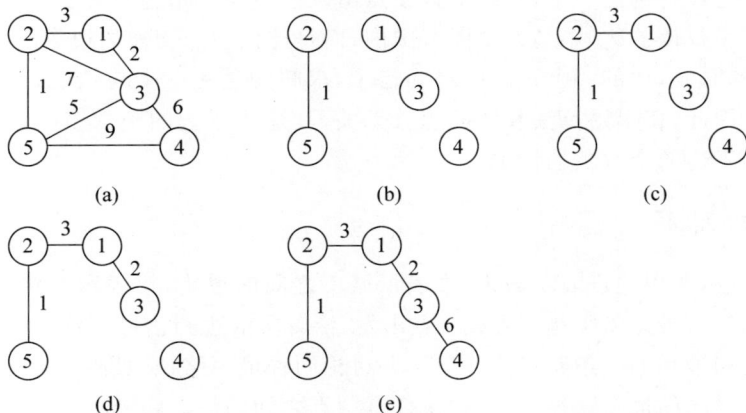

图 4.12　基于普里姆算法的最小生成树构造过程

对照图 4.11 和图 4.12 可以发现，虽然生成树相同，但是因为采用的算法不同，边和顶点选取的先后顺序是不同的，即最小生成树的生成过程不同。

文字描述的普里姆算法：

V 是顶点集合、U 是生成树顶点集合、E 为边的集合、VE 为生成树边的集合，而 T 为最小生成树，设定从顶点 u 开始生成最小生成树。

步骤 1：初始化，让 u 加入生成树顶点集合：$U=\{u\},(u \in V)$。

步骤 2：在所有 $u \in U, v \in V-U$ 的边 $(u,v) \in E$ 中，找一条权值最小的边 (u,k)。

步骤 3：将边 (u,k) 并入生成树边的集合 VE，同时 k 并入 U。

步骤 4：重复上述操作直至 $U=V$ 为止，则最小生成树为 $T=(U,\{VE\})$。

代码描述的普里姆算法：

```
void MiniSpanTree_PRIM( MGraph G, VertexType u)
{   k = LocateVex ( G, u );
    for ( j=0; j<G.vexnum; ++j )
        if (j!=k) closedge[j] = { u, G.arcs[k][j].adj };
        closedge[k].lowcost = 0;
    for (i=1; i<G.vexnum; ++i)
    {   k = minimum(closedge);
        printf(closedge[k].adjvex,G.vexs[k]);
        closedge[k].lowcost = 0;
        for (j=0; j<G.vexnum; ++j)
            if (G.arcs[k][j].adj < closedge[j].lowcost)
                closedge[j] = {G.vexs[k], G.arcs[k][j].adj };
    }
}
```

总之，克鲁斯卡尔算法和普里姆算法在求解问题的思路上是不同的。克鲁斯卡尔算法是在全图的范围内，查找最小权值的边；选定边后，把边的顶点收入生成树顶点集合。而普里姆算法是任意选定一个顶点，从该顶点出发选与顶点相连的最小权值的边。**注意：**这里选择的最小权值的边，不是在全图范围内，而是与该顶点相连的边的范围内选最小权值，即选择边的时候，边的一个顶点已经确定了，求解的是另一个与选定顶点的边的权值最小的顶点。因此，普里姆算法和图的边数无关，其适用于边的个数多的情况，而克鲁斯卡尔算法适用于边的个数少的情况。

4.4.2 最短路径

在交通图中，常用顶点表示城市，边表示城市之间的道路，权表示道路的长度或经过该道路的花费等。最短路径是：从某顶点出发，沿着图的边到达另一顶点，所经过的路径中各边权值之和最小的一条路径。本节主要讨论两种最短路径问题：一种是从一个顶点到其他各顶点之间的最短路径，另一种是任意两点之间的最短路径。

1. 一个顶点到其他各顶点之间的最短路径

下面求解的是已知一个顶点，求从该顶点到图中其他各个顶点之间的最短路径。图 4.13(b) 表示的是带权无向网 4.13(a) 从 V_2 到其余各顶点之间的最短路径。从图中可以看出，从 V_2 到 V_4 之间有三条路径：(V_2,V_5,V_4) 长度为 10，(V_2,V_1,V_3,V_4) 长度为 11，(V_2,V_3,V_4) 长度为 13。其中，(V_2,V_5,V_4) 路径长度 10 为最短路径。

求解从一个顶点到图中其他各个顶点之间的最短路径的算法是：迪杰斯特拉算法 (Dijkstra)。迪杰斯特拉算法的思想是：首先，选定一个顶点作为顶点集合，按照有直接相连的边来计算两点间的路径长度；其次，选路径长度最小的边的顶点加入顶点集合，重

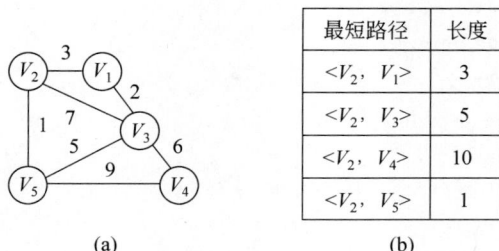

最短路径	长度
$<V_2, V_1>$	3
$<V_2, V_3>$	5
$<V_2, V_4>$	10
$<V_2, V_5>$	1

(a)　　　　　　　　　　(b)

图 4.13　从 V_2 到其余各顶点的最短路径

新计算经过新加入顶点后,两点之间的路径长度;直至所有顶点都加入顶点集合为止。

文字描述的迪杰斯特拉(Dijkstra)算法如下。

步骤 1:初始时从顶点 V_0 开始,设置集合 $S=\{V_0\}$,$T=\{$其余顶点$\}$,若 V_0 和 T 之间有边直接相连,则距离$<V_0,V_i>$为边上的权值;若$<V_0,V_i>$没有边直接相连,则距离为∞。

步骤 2:从 T 中选取一个其距离值最小的顶点 W,加入集合 S 中。

步骤 3:加进 W 作为中间顶点后,对 T 中顶点的距离值进行修正,若从 V_0 到 V_i 的距离值比加入 W 的路径要长,则修改并更新此距离值。

步骤 4:重复上述步骤,直到 S 中包含所有顶点,即 $S=V$ 为止。

图 4.13 求最短路径的过程,如表 4.1 所示。从 V_2 顶点集合开始,求解 V_2 到其他各顶点的最短路径。第二列是计算 V_2 到其他各顶点不经过中间点的直接相连的路径值;第三列是选取最小的路径值 1 的顶点 V_5 加入 V_2 的顶点集合中,计算经过中间点 V_5 后,V_2 到其他各顶点的路径值是否变小,$<V_2,V_3>$的值由 7 变为 6,$<V_2,V_4>$的值由∞变为 10。以此类推,得出最后一列的从 V_2 到其他各顶点的最短路径值。

表 4.1　计算图 4.13 中顶点 V_2 到其他各顶点的最短路径

最短路径	直接相连	加入 V_5	加入 V_1	加入 V_3	加入 V_4	最短路径长度
$<V_2,V_1>$	3	3	3	3	3	3
$<V_2,V_3>$	7	**6**	**5**	5	5	5
$<V_2,V_4>$	∞	**10**	10	10	10	10
$<V_2,V_5>$	1	1	1	1	1	1

代码描述的迪杰斯特拉算法如下。

```
void ShortestPath_DIJ(MGraph G, int v0, PathMatrix P, ShortPathTable &D)
{   for (v=0; v<G.vexnum; ++v)
    {   final[v]=FALSE; D[v]=G.arcs[v0][v];
        for (w=0; w<G.vexnum; ++w)
        P[v][w]=FALSE;
        if (D[v]<INFINITY){p[v][v0]=TRUE; P[v][v]=TRUE;}
    }
```

```
D[v0]=0; final[v0]=TRUE;
for (i=0; i<G.vexnum; ++i)
{   min=INFINITY;
    for (w=0; w<G.vexnum; ++w)
        if(!final[w])
            if(D[w]<min) {v=w; min=D[w];}
    final[v]=TRUE;
    for (w=0; w<G.vexnum; ++w)
        if(!final[w] &&(min+G.arcs[v][w]<D[w]))
        {   D[w]=min+G.arcs[v][w];
            P[w]=P[v];
            P[w][w]=TRUE;
        }
    }
}
```

从上面代码描述的迪杰斯特拉算法可知，n 个顶点的图，从一个顶点到图中其他各个顶点之间的最短路径的迪杰斯特拉算法的时间复杂度是 $O(n^2)$。

2. 每一对顶点间的最短路径

对于 n 个顶点的图，求解每一对顶点间的最短路径方法有两种：一种是依次将每个顶点设为开始点，调用迪杰斯特拉算法，通过 n 次计算可得出结果，其时间复杂度为 $O(n^3)$；另一种方法是弗洛伊德（Floyd）算法，直接求每一对顶点间的最短路径，其时间复杂度也为 $O(n^3)$，但求解的过程更为简单。

弗洛伊德算法的基本思想是：首先，设置顶点间路径值的矩阵；然后，依次加入每个顶点，计算加入顶点后两顶点间的路径是否变小，用小的路径值替代原来的值；直至加入所有顶点为止。

文字描述的弗洛伊德算法如下。

步骤 1：初始时设置一个 n 阶矩阵，令其对角线元素为 0，若存在边 $<V_i,V_j>$，则 V_i 行和 V_j 列交叉的位置为边的路径权值；否则为 ∞。

步骤 2：依次增加中间顶点，若加入中间点后路径变短，则修改更新；否则，保持原值。

步骤 3：所有顶点加入完毕，算法结束。

下面用弗洛伊德算法计算图 4.14 无向网中每对顶点的最短路径值。

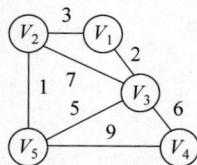

图 4.14 无向网

在表 4.2 所示的每对顶点中,顶点 (v_1,v_4)、(v_4,v_1)、(v_1,v_5)、(v_5,v_1)、(v_2,v_4) 和 (v_4,v_2) 是没有直接连接路径的,所以这些顶点的路径值为∞。顶点和它自己的路径,如 (v_1,v_1)、(v_2,v_2)、(v_3,v_3)、(v_4,v_4) 和 (v_5,v_5) 等路径的值为 0。表 4.3 是依次加入顶点 $v_1 \sim v_5$ 后每对顶点的路径更新值。

表 4.2　初始时每对顶点的路径值

0 (v_1,v_1)	3 (v_1,v_2)	2 (v_1,v_3)	∞ (v_1,v_4)	∞ (v_1,v_5)
3 (v_2,v_1)	0 (v_2,v_2)	7 (v_2,v_3)	∞ (v_2,v_4)	1 (v_2,v_5)
2 (v_3,v_1)	7 (v_3,v_2)	0 (v_3,v_3)	6 (v_3,v_4)	5 (v_3,v_5)
∞ (v_4,v_1)	∞ (v_4,v_2)	6 (v_4,v_3)	0 (v_4,v_4)	9 (v_4,v_5)
∞ (v_5,v_1)	1 (v_5,v_2)	5 (v_5,v_3)	9 (v_5,v_4)	0 (v_5,v_5)

表 4.3　依次加入顶点 $v_1 \sim v_5$ 后每对顶点的路径更新值

0 (v_1,v_1)	3 (v_1,v_2)	2 (v_1,v_3)	**8** **(v_1,v_3,v_4)**	**4** **(v_1,v_2,v_5)**
3 (v_2,v_1)	0 (v_2,v_2)	**5** **(v_2,v_1,v_3)**	**10** **(v_2,v_5,v_4)**	1 (v_2,v_5)
2 (v_3,v_1)	**5** **(v_3,v_1,v_2)**	0 (v_3,v_3)	6 (v_3,v_4)	5 (v_3,v_5)
8 **(v_4,v_3,v_1)**	**10** **(v_4,v_5,v_2)**	6 (v_4,v_3)	0 (v_4,v_4)	9 (v_4,v_5)
4 **(v_5,v_2,v_1)**	1 (v_5,v_2)	5 (v_5,v_3)	9 (v_5,v_4)	0 (v_5,v_5)

4.4.3　拓扑排序

大学里,一般刚入学的学生都要面临选择课程的问题。选择哪些课程,选择课程的先后顺序怎么设定? 这就归结为拓扑排序的问题。**拓扑排序**是把各顶点的优先关系排列成一个线性序列或者叫拓扑序列。例如,课程和先修课如表 4.4 所示。

表 4.4　课程和先修课

课 程 代 号	课 程 名 称	先 修 课
C1	C 语言程序设计	无
C2	数据库原理	C1
C3	数据结构	C1，C2

课 程 代 号	课 程 名 称	先 修 课
C4	汇编语言	C1
C5	人工智能	C3，C4
C6	计算机组成原理	C11
C7	编译原理	C3，C5
C8	操作系统	C3，C6
C9	高等数学	无
C10	英语	C9
C11	大学物理	C9
C12	概率论与数理统计	C1，C9

拓扑排序问题可以用 AOV 网（Activity On Vertex network）来实现。**AOV 网**是一种用顶点表示活动、弧表示活动之间优先关系的有向图，表 4.4 的选课活动表示成 AOV 网，如图 4.15 所示。

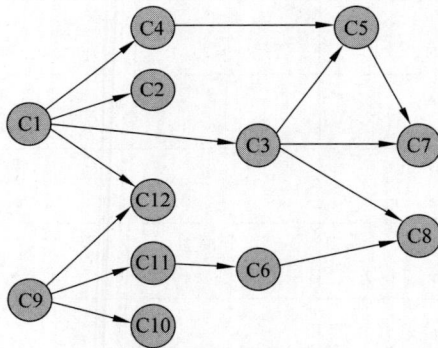

图 4.15   学生选课的 AOV 网

文字描述的基于 AOV 网的拓扑排序算法如下。

步骤 1：从图中任意选择一个入度为 0 的顶点输出。

步骤 2：从图中删除输出顶点及与该顶点相连的所有弧，相连顶点的入度减 1。

步骤 3：重复步骤 1 和步骤 2，直至输出全部顶点，拓扑排序完成；否则，若还有入度不为 0 的顶点，说明图中有环，不能进行拓扑排序。

对于图 4.15，基于 AOV 网的拓扑排序执行过程为：①入度为 0 的顶点有两个 C1 和 C9，任意选择一个 C1；②输出 C1 并删除与 C1 相连的 4 个弧，C2、C3 和 C4 的入度减 1 变为 0，C12 的入度由 2 减 1 变为 1；③任意选择入度为 0 的 C4 并输出，C5 的入度变为 1，重复①和②的过程。最后输出的拓扑排序为 C1—C4—C2—C3—C5—C7—C9—C12—C11—C10—C6—C8。由于在选择入度为 0 的顶点时，是任意选择的，所以拓扑输出排序不唯一。

AOV 网拓扑排序过程可以用邻接表作为其存储结构,并在头结点数组中增加顶点入度域。入度为 0 的顶点是没有前驱的顶点,删除入度为 0 的顶点和相连的弧时,也将与该弧相连的邻接顶点的入度减 1。在实现的过程中,需要设置一个栈,存入所有入度为 0 的顶点;当需要输出入度为 0 的顶点时,就将栈顶元素出站,当栈为空时,拓扑排序完成。

在图 4.16 的有向图中,初始时,入度为 0 的有 V_1 和 V_2 两个顶点,将这两个顶点进栈。然后,输出并删除栈顶元素 V_2,其邻接点 V_3 和 V_5 的入度减 1,入度为 0 的顶点 V_5 进栈。其次,接着输出并删除栈顶元素 V_5,其邻接点 V_3 和 V_4 的入度减 1。接着,输出并删除栈顶元素 V_1,其邻接点 V_3 的入度减 1,入度为 0 的顶点 V_3 进栈。最后,输出并删除栈顶元素 V_3,入度为 0 的顶点 V_4 进栈,删除并输出 V_4。图 4.16 的有向图中顶点的拓扑排序是 V_2—V_5—V_1—V_3—V_4。

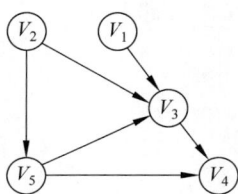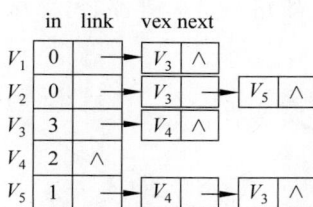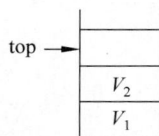

(a) 有向图　　　　　　(b) 邻接表　　　　　　(c) 栈

图 4.16　邻接表实现的拓扑排序

代码描述的拓扑排序算法:

```
Status ToplogicalSort(ALGraph G)
{   FindInDegree(G,indegree);
    InitStack(S);
    for(i=0; i<G.vexnum; ++i)
        if(!indegree[i]) Push(S,i);
    count=0;
    while(!StackEmpty(S))
    {   Pop(S,i); printf(i,G.vertices[i].data); ++count;
        for(p=G.vertices[i].firstarc; p; p=p->nextarc)
        {   k=p->adjvex;
            if(!(--indegree[k])) Push(S,k);
        }
    }
    if(count<G.vexnum) return ERROR;
    else return OK;
}
```

在拓扑排序算法中,建立邻接表的时间复杂度为 $T(n)=O(e)$,e 是图中弧的个数;

搜索入度为 0 的顶点的时间复杂度为 $T(n)=O(n)$，n 是图中顶点的个数。因此，整个拓扑排序的时间复杂度为 $T(n)=O(n+e)$。

4.4.4　关键路径

在拓扑排序中，用顶点表示活动，弧表示活动的先后顺序的叫 AOV 网。如果顶点表示事件，弧表示活动的持续时间或费用，则叫 AOE 网。在工程上，AOE 网常用于估算工程完成的时间以及哪些活动是影响完成时间的关键路径。也就是说，路径长度是路径上各活动持续时间的总和。关键路径是路径长度最长的路径。关键活动是关键路径上的活动，即这些活动时间的延迟或提前会决定整个工程工期的延迟或提前。关键活动的时间减少，就能缩短整个工期。

示例：有一个工程项目，包括 11 项活动 $a_1 \sim a_{11}$，9 个事件 $V_1 \sim V_9$，如图 4.17 所示。V_1 表示整个工程的开始事件，V_9 表示整个工程的结束事件。求该工程的关键路径。根据关键路径的定义可知，最长的路径是关键路径，那么，应该有关键路径 $V_1 - V_2 - V_5 - V_7 - V_9$。

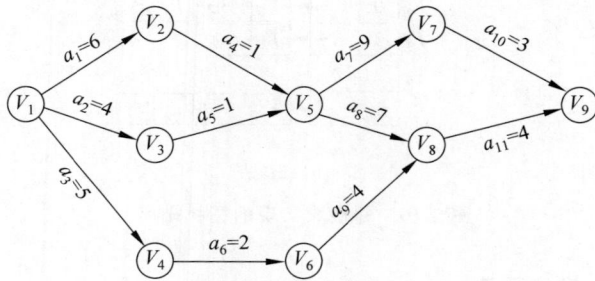

图 4.17　关键路径示例

在通过算法求解关键路径之前，先介绍 4 个概念：最早发生时间 $V_e(j)$，这里的"最早"是有引号的，工程上的最早其实是指前面所有的活动都完成了，事件 V_j 最晚能开始的时间。最迟发生时间 $V_l(j)$，这里的"最迟"不是从前往后推的最迟，而是从后往前推事件 V_j 发生的最晚的时间。活动 a_i 的最早开始时间 $e(i)$，活动 a_i 的最迟开始时间 $l(i)$，完成活动 a_i 的时间余量 $l(i)-e(i)$。若时间余量为 0，则该活动为关键活动，所在的路径为关键路径。

关键路径的求解可以通过计算时间余量 $l(i)-e(i)$，进而找到关键活动，得出关键路径。但是在求解 $l(i)-e(i)$ 之前，要先计算 $V_e(j)$ 和 $V_l(j)$。

1. 计算事件的 $V_e(j)$ 和 $V_l(j)$

下面分别计算 $V_e(j)$ 和 $V_l(j)$，这里的 j 是指事件（顶点），$V_e(j)$ 表示发生事件 j 的最早时间，$V_l(j)$ 表示的是发生事件 j 的最迟时间。V_e 是正着推，从前往后计算；V_l 是倒着推，从后往前计算。图 4.17 各个事件的 V_e 和 V_l 的值，如表 4.5 所示。

表 4.5　各事件的 V_e 和 V_l

顶　　点	V_e		V_l	
V_1	0		0	
V_2	6		6	
V_3	4		6	
V_4	5		9	
V_5	7		7	
V_6	7		11	
V_7	16		16	
V_8	14		15	
V_9	19		19	

计算最早发生时间 V_e，就是从开始事件起，加上最多的活动时间，来计算每个事件的发生时间。例如，表 4.5 中事件 V_5 有两个发生时间，一个是 $V_e(5)=a_1+a_4=6+1=7$，一个是 $V_e(5)=a_2+a_5=4+1=5$，最多活动时间是 $a_1+a_4=7$，因此，事件 V_5 的最早发生时间是 7。同理，事件 V_9 的最早发生时间是 $V_e(9)=a_1+a_4+a_7+a_{10}=6+1+9+3=19$。

计算最迟发生时间 V_l，一定要注意，是从结束事件倒推，用结束事件最早发生时间减去最多的活动时间，就得出每个事件的最迟发生时间。例如，在表 4.5 中，结束事件是 V_9，从 V_9 的时间 19 开始倒推，$V_l(8)=19-a_{11}=19-4=15$。事件 5 的最迟发生时间 $V_l(5)=19-(a_{10}+a_7)=19-12=7$，$V_l(5)$ 另一种可能的计算是 $19-(a_{11}+a_8)=19-11=8$。这里的 12 比 11 是最多活动时间，所以事件 V_5 的最迟发生时间 $V_l(5)$ 应该为 $19-12=7$。

虽然计算 V_e 和 V_l，一个是从开始事件的时间正推，而另一个是从结束事件的时间倒推，但是它们的共同特点都是加上或减去最多的活动时间的结果。用公式表示 V_e 和 V_l 的计算如下。

（1）从 $V_e(1)=0$ 开始向后正推：
$$V_e(j)=V_e(i)+\underset{i}{\mathrm{Max}}(\mathrm{dut}(<i,j>)),<i,j>\in T,2\leqslant j\leqslant n$$
其中，T 是事件 i 和 j 等的集合，$\mathrm{dut}(<i,j>)$ 是从事件 i 到 j 的活动时间。

（2）从 $V_l(n)=V_e(n)$ 开始向前倒推：
$$V_l(i)=V_l(j)-\underset{j}{\mathrm{Max}}(\mathrm{dut}(<i,j>)),<i,j>\in T,1\leqslant i\leqslant n-1$$

从表 4.5 可以看出，V_e 和 V_l 的值相等的事件，其实就是关键事件，各关键事件连接起来就构成了关键路径 V_1—V_2—V_5—V_7—V_9。下面则从活动的角度，计算活动的最早开始时间和最迟开始时间，进而确定关键活动，各关键活动连接起来，也能构成关键路径。

2. 计算活动的 $I(i)$ 和 $e(i)$

最早开始时间 $e(i)$ 的定义为：$e(i)=V_e(j)$。

最迟开始时间 $l(i)$ 的定义为：$l(i)=V_l(k)-\max(\mathrm{dut}(<j,k>))$

活动 a_i 用弧 $<j,k>$ 表示，其持续时间为 $\mathrm{dut}(<j,k>)$。完成活动 a_i 的时间余量是 $l(i)-e(i)$。

求解关键路径的过程：首先，计算事件的最早和最迟发生时间 $V_e(i)$ 和 $V_l(i)$；然后计算活动的最早和最迟开始时间 $e(i)$ 和 $l(i)$；最后计算活动的时间余量 $l(i)-e(i)$。如果 $l(i)-e(i)=0$，则该活动为关键活动，各关键活动连接起来就是关键路径。图 4.17 的关键路径为 $a_1-a_4-a_7-a_{10}$。图 4.17 中活动 a_i 最早开始时间 $e(i)$ 和最迟开始时间 $l(i)$，如表 4.6 所示。

表 4.6　各活动的最早和最迟开始时间

活动	e	l	$l-e$
a_1	0	0	0
a_2	0	2	2
a_3	0	4	4
a_4	6	6	0
a_5	4	6	2
a_6	5	9	4
a_7	7	7	0
a_8	7	8	1
a_9	7	11	4
a_{10}	16	16	0
a_{11}	14	15	1

注：无论是用事件 $V_1-V_2-V_5-V_7-V_9$ 还是活动 $a_1-a_4-a_7-a_{10}$ 来表示关键路径，仅仅是关键路径表示方式的不同，而表示的都是同一条关键路径。缩短关键路径上的关键活动的工期，就可以缩短总的工程时间。但是，如果关键路径不只一条，就要同时提高所有的关键路径，才能缩短整个工期。也就是说，一个关键活动如果不在所有的关键路径上，减少它并不能减少工期。此外，有环图不能求解关键路径。

4.4.5　旅行商问题

旅行商问题（Traveling Salesman Problem，TSP）是送快递、送外卖的很实用和很典型的优化问题。例如：已知有 n 个城市和城市之间的距离，要求确定一条经过各城市一次且仅一次的最短路线。看似简单，实质上这是一个多项式复杂程度的非确定性（Nondeterministic Polynomial，NP）问题，且不能用时间复杂度为多项表达式级别的算法来求解的世界上七大数学难题之一。

把旅行商问题用图状数据结构来表示，就是用一个带权有向图 $G=(V,E)$ 来表示，其中，V 为顶点集合，E 为各个顶点相互连接的边的集合，$c(u,w)$ 是由顶点 u 和 w 之间的距离作为权值代价的矩阵。要求从哪里出发再回到哪里,有且仅有一次地遍历图中每个顶点且路径权值最短的回路,该回路又被称为哈密顿回路,该有向图叫作哈密尔顿图。

本节的应用问题是开放性的,答案不唯一,也没有一个标准答案。下面部分的内容只是起到抛砖引玉的作用,和读者一起探讨旅行商问题的解决办法。解决旅行商问题的算法有很多种,结合本章所介绍的图状结构,首先对带权图进行拓扑排序,在排序的过程中利用求解最短路径方法计算出一条具有最小代价的哈密顿回路;或者通过构建最小生成树来生成一条遍历路径。虽然这些算法不一定能找到绝对最优解,但它能使复杂度和计算量都很大的 TSP 问题的解决变得可能。

这里以无向图为例,以距离作为权值代价构建最小生成树,完成最小代价路径的遍历过程。距离代价函数 c 表示从一个地方 u(对应图中的一个顶点)到另一个地方 w(对应图中的另一个顶点),而两点间的花费是直接到达的代价比中间加个中转站的代价总和要小。代价函数 c 满足三角不等式,用公式表示为 $c(u,w) \leqslant c(u,v) + c(v,w)$,$u,v,w \in V$。

旅行商问题的算法如下。

步骤 1:选择一个顶点 $r \in V$ 作为根结点,V 为输出顶点集合。

步骤 2:根据根顶点 r,计算代价构造图 G 的一个最小生成树 T。

步骤 3:在最小生成树 T 的遍历过程中,根据顶点第一次访问时间记录拓扑排序。

步骤 4:最后输出哈密顿回路 T。

上面算法的思想是:在第一次遇到某个顶点时就输出该顶点,其实就是先序遍历访问最小生成树 T 中的每个顶点,而计算代价函数是满足三角不等式原理的。

图 4.18 展示了 TSP 的执行过程,图 4.18(a)是带权重的无向图,采用距离作为两点之间的代价函数;图 4.18(b)是其以顶点 1 为根结点,利用 TSP 算法得到的最小生成树 T;图 4.18(c)给出的是对 T 进行先序遍历时各顶点的访问顺序;图 4.18(d)给出了由 TSP 算法得出的返回路线;图 4.18(e)给出了一个最优的旅行路线,它比图 4.18(d)中的旅行路线要更短。结论是,通过算法不一定得出的是最优的旅行路线,求解和证明最优还有很多的事情要做。

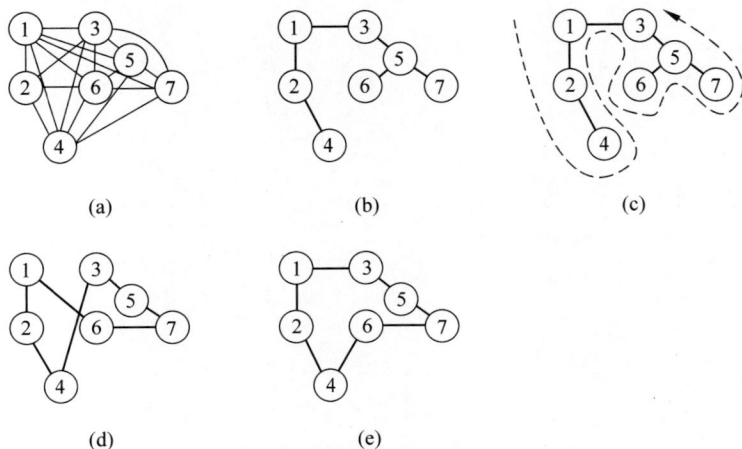

图 4.18　旅行商算法的执行过程

　　还有一些经典的旅行商 TSP 算法,例如:近邻法和插入法等。近邻法的思想是:推销员从某个城镇出发,永远选择前往最近且没有去过的城镇,最后再返回原先的出发点。这也是多数人的做法,但是近邻法只是局部而不是全局的考量,对于复杂城市来说,其后面路程的选择会出现非优化的问题。插入法是首先产生连接部分点的子路线,再根据某种规则将其他的点逐一加入路线。例如:最近插入法的原理是先对外围的点建构子路线,然后从剩余的点里面通过计算和选择,使加入后总路线长度增加的幅度最小。还有最远插入法,是从剩余的点里面选择距离子路线最远的点,从全局考量,先处理最难的部分。

　　随着技术和社会的进步,在通信、交通运输、军事、工业设计、商业和社会管理等领域中涌现出大量的 TSP 或者 NP 等优化问题。若按经典的方法求解,则计算时间动辄达到天文数字,根本没有实用价值。所以,蚁群算法、遗传算法、粒子群算法和神经网络等带有人工智能性质的仿生学算法,得到越来越广泛的应用。第 5 章还会介绍 AI 人工智能算法的旅行商问题的求解方法。

小　　结

　　本章首先介绍了图的基本概念及其逻辑和物理存储结构,还有图的深度优先和广度优先遍历的操作,重点阐述了最小生成树、最短路径、拓扑排序、关键路径和旅行商问题等 5 种应用。其中,开放性地引出旅行商问题是本章的一个应用亮点,希望能够引起读者的共鸣和思考,用数据结构的思想解决更多的实际问题。

第2篇

数据结构应用篇

第 **5** 章　数据结构的应用

CHAPTER

　　作者寄语：本章是数据结构的应用篇，包括初阶和进阶两个应用篇。初阶应用的排序和查找，主要介绍一些解决查找和排序问题的算法技巧。进阶应用是以旅行商问题为例和当前的人工智能算法相结合，是将数据结构专业基础课知识应用到实际中的一个探索。

　　本章摘要：本章的第一个部分阐述的是各种排序算法，第二个部分是查找算法，这两个部分都是初阶应用篇；第三个部分是进阶应用篇，是以旅行商问题为例介绍组合优化问题的各种人工智能算法。

　　重点内容：旅行商问题的人工智能优化算法。

　　关键词：排序、查找、旅行商问题、人工智能算法。

　　导读手册：5.1 节阐述简单排序、先进排序以及基数排序算法等；5.2 节介绍静态查找、动态查找以及哈希表算法等；解决旅行商问题的群智能算法以及最新的 AI 算法在 5.3 节中讲述。

5.1　初阶应用：排序

　　本节首先介绍排序的定义与分类，然后阐述具体的排序方法及相应的算法。

　　1. 排序的定义

　　为了便于查找和提高查找效率，对于含有 n 条记录 $\{R_1, R_2, \cdots, R_n\}$ 的序列，记录 $R_1, R_2, \cdots, R_n$ 的值对应的关键字为：$K_1, K_2, \cdots, K_n$，对这些关键字进行排序，使记录的值满足递减或递增的关系，这样就形成了按关键字排列的序列：

$$\{R_{k1}, R_{k2}, \cdots, R_{kn}\}$$

　　2. 排序的分类

　　(1) 根据待排序记录所在位置的不同分类。

　　内部排序：待排序记录存放在内存。

　　外部排序：排序过程中需对外存进行访问。

（2）对于内部排序，依据不同的排序原则分类。

插入排序：直接插入排序、折半插入排序和 2-路插入排序。

交换排序：希尔排序、冒泡排序、快速排序。

选择排序：简单选择排序、堆排序。

归并排序：2-路归并排序。

基数排序：根据位数的排序。

（3）针对内部排序所需的时间复杂度分类。

简单排序：直接插入排序、希尔（Shell）排序、冒泡排序和直接选择排序。

先进排序：快速排序、堆排序和归并排序。

基数排序：基数排序是这几种排序中效率最高的排序。

（4）排序关键字可能出现重复，根据重复关键字的排序情况分类。

稳定排序：排序后重复关键字记录的相对次序保持不变。

不稳定排序：与稳定排序相反。

排序数据的物理结构定义：

```
#define MAXSIZE  20;
type int KeyType;
typedef struct
    {   KeyType key;
         InfoType otherinfo;
    } RcdType;
typedef struct
    {   RcdType r[MAXSIZE+1];
         int length;
    } SqList;
```

其中，MAXSIZE 是顺序表最大长度，key 是关键字，otherinfo 为其他数据，length 为顺序表长度，r[MAXSIZE＋1]闲置或作为标志位。

5.1.1 简单排序

在简单排序算法中，主要介绍 4 种算法：插入排序，希尔（Shell）排序、冒泡排序和选择排序。插入排序又包括直接插入排序、折半插入排序和 2-路插入排序。简单排序算法在时间复杂度上都属于 $O(n^2)$，且都是稳定的排序算法。

1. 插入排序

插入排序的方法是通过依次插入的过程来完成排序的功能。插入排序包括直接插入排序以及直接插入排序的改进版：折半插入排序和 2-路插入排序。

1）直接插入排序

n 个记录的直接插入排序的整个排序过程为 $n-1$ 趟插入，即先将序列中第一个记录看成一个有序序列，从第二个记录开始逐个进行有序插入，直至整个数据都在有序序列中为止。例如，一个含有 6 个数的序列{16，13，12，88，56，77}，要求用直接插入法升序排列。具体的做法是：首先，建立一个长度为 7 的数组 $r[\ ]$ 用于存放排序后的有序记录，其中，$r[0]$ 设置为监视位，存放待插入的数据。在第一趟排序中，待插入数据 16 存入监视位 $r[0]=16$，因为只有一个记录，不用比较则有 $r[1]=16$；在第二趟排序中，待插入数据 13 存入监视位 $r[0]=13$，$r[0]$ 的值 13 小于 $r[1]$ 的值 16，记录 16 后移，则有 $r[1]=13$，$r[2]=16$；在第三趟排序中，待插入的监视位 $r[0]=12$，和有序序列里的 $r[1]=13$，$r[2]=16$ 比较后，记录 13 和 16 后移，则有 $r[1]=12$，$r[2]=13$，$r[3]=16$；以此类推，最后插入排序的升序序列为 $\{12,13,16,56,77,88\}$。

伪代码描述的直接插入排序的算法：

```
void InsertSort ( SqList &L)
{    for ( i=2; i<=L.length; ++i )
     if ( LT( L.r[i].key,L.r[i-1].key ))
     {   L.r[0] = L.r[i];
         L.r[i]=L.r[i-1];
         for ( j=i-2; LT( L.r[0].key, L.r[j].key) ; --j )
             L.r[j+1] = L.r[j];
         L.r[j+1] = L.r[0];
     }
}
```

for（i＝2；i＜＝L.length；＋＋i）这个语句的意思是从待插入的第二个数据开始比较直至所有数据，即数据的长度。if（LT（L.r[i].key,L.r[i−1].key））的意思是新插入的记录和它前一个插入的记录比较，如果新记录值小，L.r[0] = L.r[i]将新插入的记录放至监视位，前一个插入的记录后移。for（j=i−2；LT（L.r[0].key，L.r[j].key）；－－j）这个循环是用来判断新插入的记录比前一个记录小时，是否比前两个记录甚至更前的记录也小，进而找到要插入的位置。

上述代码包括双层循环，因此直接排序算法的时间复杂度是 $O(n^2)$；只占用了一个监视位空间，其空间复杂度为 $O(1)$。

从上述直接排序算法的执行过程可以看出，如果待插入的数值比较小，查找插入位置要从有序数组的尾找到头，查找的时间会很长，如果每次从有序序列的中间位置开始比较和查找，这样无论要插入数值的大小都能节省一半的查找位置的时间。

2）折半插入排序

折半插入排序算法就是把监视位 $r[0]$ 放到有序序列中间位置的排序算法。中间监视位置的计算是记录的个数除以 2。依然用含有 6 个数的序列 $\{16，13，12，88，56，77\}$ 为例，第一趟排序，有序序列中只有一个记录 16，监视位 $r[0]=16$；第二趟，拟插入数据值为 13，小于监视位 $r[0]=16$，插入 16 的前面(13,16)，监视位$(1+1)/2=1$，$r[0]=13$；第三趟，拟插入数据值为 12，小于监视位 $r[0]=13$，插入 13 的前面(12,13,16)，监视位$(1+1+1)/2\approx2$，$r[0]=13$；第四趟拟插入的数值是 88，大于监视位 $r[0]$ 的数值 13，从 13 往后找位置，有序序列为(12,13,16,88)，监视位$(1+1+1+1)/2=2$，$r[0]$ 的数值为 13；第五趟拟插入的数值是 56，大于监视位 $r[0]$ 的数值 13，从 13 往后找位置，有序序列为(12,

13,16,56,88),监视位$(1+1+1+1+1)/2 \approx 3$,$r[0]$的数值为16;第六趟拟插入的数值是77,大于监视位$r[0]$的数值16,从16往后找位置,有序序列为(12,13,16,56,77,88),监视位$(1+1+1+1+1+1)/2 = 3$,$r[0]$的数值为16。

总之,折半插入排序,每趟都计算中间的监视位$r[0]$的值,将拟插入的数据和监视位的值比较,大则从监视位往后找位置插入,小则从监视位向前找位置插入。这样,在插入记录时,比较个数就比直接插入算法减少了一半。

代码描述的折半插入排序算法:

```
void BInsertSort (SqList &L)
{   for ( i=2; i<=L.length; ++i)
    {   L.r[0] = L.r[i];
        low = 1; high = i-1;
        while (low<=high)
        {   m = (low+high)/2;
            if (LT(L.r[0].key,L.r[m].key)) high = m-1;
            else low = m+1;
        }
        for ( j=i-1; j>=high+1; --j )
            L.r[j+1] = L.r[j];
        L.r[high+1] = L.r[0];
    }
}
```

在上述代码中,待插入的数据仍然存入标志位$L.r[0] = L.r[i]$,折半插入又增加了两个位置信息 low 和 high。初始时:low $= 1$,指示第一个记录的位置;high $= i-1$,指示有序序列中的最后一个位置(也是待插入数据前一个的位置)。在查找拟插入位置时,if $(LT(L.r[0].key,L.r[m].key))$ high $= m-1$; else low $= m+1$,如果待插入数据小于中间位置记录的值,则 high 的值变小,low 的值变大。直至 low$=$high,则 high(或者low,因为此时 high 和 low 的位置相同)的位置就是待插入数据要插入的位置。于是,后移该位置后面的记录$L.r[j+1] = L.r[j]$;存入待插入的数据$L.r[high+1] = L.r[0]$,完毕。

折半插入排序算法的时间复杂度为$O(n^2)$,空间复杂度为$O(1)$。值得注意的是,折半插入排序只能减少排序过程中关键字比较的时间,并不能减少记录移动的时间。

3) 2-路插入排序

2-路插入排序算法需要在除了$L.r[]$之外增加一个数组$d[1]$,具体的操作过程是:先将$L.r[1]$赋给$d[1]$,并将$d[1]$作为标志位,$L.r[2]$及其后面的数据$L.r[i]$都要与$d[1]$进行比较,小于$d[1]$的$L.r[i]$的值放到$d[1]$前面的有序表,用指针 first 指示$d[1]$前面数组的最小值;$L.r[i]$大于$d[1]$的值放在后面的有序表,用指针 final 指示$d[1]$后面数组的最大值。

总体来说,2-路插入排序算法是对折半插入排序算法的一个改进,因为增加了两个指针 first 和 final,使得比较次数进一步减少,但是 2-路插入排序算法的时间复杂度仍然

为 $O(n^2)$，空间复杂度为 $O(2)$。

这里仍以 6 个数的序列 $\{16, 56, 12, 88, 13, 77\}$ 为例，进行 2-路插入排序的过程如图 5.1 所示。

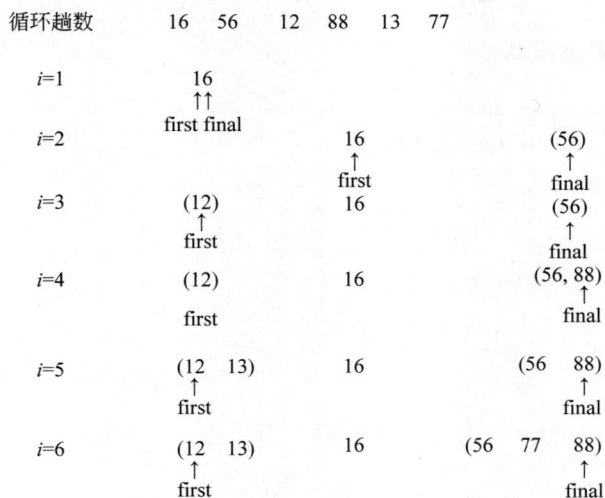

图 5.1　2-路插入排序过程示例

$L.r[1]$ 的值 16 赋给 $d[1]$，$d[1]$ 实际上起到一个标志位的作用，所有后面的数据都和 $d[1]=16$ 进行比较，小于 16 的，插入前面的序列，大于 16 的，插入后面的序列，当所有数据插入完毕，最后 2-路插入排序的升序完成。

2. 希尔排序

希尔(Shell)排序与插入排序不同，它是以一种内部交换的形式进行排序。希尔排序也被称为缩小增量排序，其通过对一定距离的两个记录进行比较，根据大小对两个记录进行位置互换。每趟都缩小调整的距离直至距离为 1，最后完成排序的功能。希尔(Shell)排序中距离 d_i 的设定原则是 $d_1 < n$，n 是一个正整数，$d_2 < d_1, \cdots$，而最后一趟的距离 $d_i = 1$。

这里以 6 个数的序列 $\{16, 56, 12, 88, 13, 77\}$ 为例，展示希尔排序的具体实现过程，如图 5.2 所示。

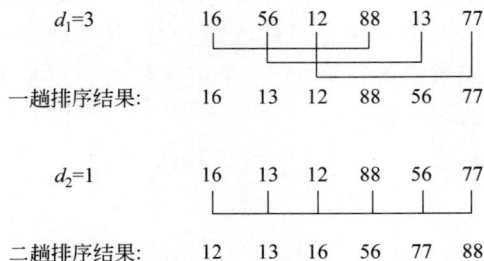

图 5.2　希尔排序过程示例

图 5.2 中的第一趟是间隔距离为 3 的两个记录之间进行比较,小的交换到前面的位置,56 比 13 大,于是 13 和 56 的位置互换,其他两两比较的数据都是前面的小,因此不互换。当间隔距离为 1 的两个记录之间进行比较时,小的数据都换到前面,大的数据都换到后面的位置。

代码描述的希尔排序算法:

```
void ShellInsert ( SqList &L, int dk)
{   for ( i=dk+1; i<=L.length; ++i )
    if (LT(L.r[i].key , L.r[i-dk].key ))
    {   L.r[0] = L.r[i];
        for (j=i-dk; j>0&&LT(L.r[0].key, L.r[j].key); j-=dk )
            L.r[j+dk] = L.r[j];
        L.r[j+dk] = L.r[0];
    }
}
void ShellSort (SqList &L, int dlta[], int t)
{   for (k=0; k<t; ++t)
    ShellInsert (L, dlta[k]);
}
```

ShellSort()函数是负责改变间隔距离值的大小,然后 ShellInsert()函数就是按照间隔距离对数据进行两两比较,小的如果在后面就互换,把小的值放到前面。

希尔排序的时间复杂度和所取间隔增量的值有关。已有学者证明,当增量序列为 $2^{t-k-1}(k=0,1,\cdots,t-1)$ 时,希尔排序的时间复杂度为 $O(n^{3/2})$,但是一般情况下,其时间复杂度还是 $O(n^2)$。总体来说,希尔排序数值较小的记录会跳跃式前移,但是增量不为 1 时不能保证记录都有序,所以,最后一趟的增量值必须为 1。

3. 冒泡排序

冒泡排序也是一种以内部数据交换位置,数据记录像气泡在水中上浮一般冒出的排序算法。升序排序是小的气泡(记录)在上面,大的气泡(记录)在下面,降序排序则相反。

升序冒泡排序算法的过程是:第一趟,将 n 个记录中的第一个记录的关键字(值)与第二个记录的关键字(值)进行比较,若 $r[1].key > r[2].key$,则**交换**;然后比较第二个记录与第三个记录;以此类推,直至第 $n-1$ 个记录和第 n 个记录比较为止,结果关键字最大的记录被换到最后一个,即第 n 个记录的位置。第二趟,对前 $n-1$ 个记录进行冒泡排序,结果关键字次大的记录被安置在第 $n-1$ 个记录位置。重复上述过程,直到在一趟排序过程中没有记录交换的操作为止。

代码描述的冒泡算法:

```
void BubbleSort (SqList &L)
{   for ( i = 1; i <= L.length; i++ )
    {   for(j = 1; j < L.length - i; j++ )
        {   if (GT(L.r[j].key, L.r[j+1].key))
            {   L.r[0] = L.r[j];
```

```
            L.r[j] = L.r[j+1];
            L.r[j+1] = L.r[0];
        }
    }
  }
}
```

当记录的关键字相同时,记录位置不会发生移动,所以冒泡排序算法是一种稳定的排序算法,其时间复杂度仍然为 $O(n^2)$,空间复杂度为 $O(1)$。

4. 选择排序

选择排序的思想是:第一趟选择未排序序列 n 个记录中最小(或最大)的关键字,将其与第一个记录交换位置;第二趟从剩余的 $n-1$ 个记录中找出关键字次小的记录,将它与第二个记录交换;重复上述操作,共进行 $n-1$ 趟排序后,将序列从小到大排列,选择排序结束。

代码描述的选择排序算法:

```
void SelectSort (SqList &L)
{   for (i=1; i<L.length; ++i)
    {   j = i;
        for ( k=i+1; k<=L.length; k++ )
            if ( LT( L.r[k].key, L.r[j].key )) j =k ;
        if ( i!=j ) L.r[j]↔L.r[i];
    }
}
```

由于当记录的关键字相同时,记录位置不会发生移动,简单选择排序算法属于稳定的排序算法,其时间复杂度仍然为 $O(n^2)$,空间复杂度为 $O(1)$。

5.1.2　先进排序

先进排序,其实就是排序算法的时间复杂度不是 $O(n^2)$ 而是 $O(n\log n)$,算法的运行效率提高了,主要包括快速排序、归并排序和堆排序三种排序算法。

1. 快速排序

快速排序的基本思想和 2-路插入排序类似,都是以第一个数据作为比较标志位,其他数据都和标志位比大小,一趟循环后,第一个数据被放置到近乎中间的位置,在它之前部分的记录的关键字都比它小,在它后面部分的关键字都比它大。以此类推,再分别对前后两个部分快速排序。只不过 2-路插入排序要移动记录时的操作是采取插入的方式,而快速排序则是互换位置。

文字描述的快速排序算法:

有数据序列为 $r[i,\cdots,j]$,指针 i 指示第一个记录,指针 j 指示最后一个记录,标志位 rp 存入序列的第一个记录的值:rp.key= $r[i]$。

步骤 1:从最后一个记录 j 向前找第一个关键字小于第一个记录的标志位 rp.key 的值,并和标志位 rp 交换位置。

步骤 2：再从 $i+1$ 的位置向后找，找到第一个关键字大于标志位 rp.key 的值的记录，并和标志位 rp 交换位置。

步骤 3：重复上述两步，直至 $i==j$ 为止，数据序列被分为前后两个子序。

步骤 4：再分别对两个子序列进行快速排序，直到每个子序列只含有一个记录为止。

注：在一趟排序中①被比较的标志位 rp 的值 rp.key 始终不变，是该序列的第一个记录的值；②比较后互换的位置，始终是和标志位 rp 的位置进行交换。

示例：有数据序列(16,56,12,88,13,77)，分别存储在数组 $r[1]=16,\cdots,r[6]=77$ 中，要求按升序快速排序。

按步骤 1，将第一个记录设置成标志位 $r[0]=16$，从 $r[6]$ 开始往前逐个与标志位 $r[0]=16$ 比较，找到第一个小于 16 的 $r[5]=13$，于是 13 和 16 的位置互换；再进行步骤 2，从第二个记录往后找第一个比 16 大的记录，于是 $r[2]=56$ 与 16 的位置互换；重复上述步骤 1 和 2，从 $r[5]$ 往前找第一个比 16 小的记录，于是 $r[3]=12$ 与 16 互换。一趟排序的结果为(13,12,16,88,56,77)，以标志位 16 最后位置来看，16 前面的记录的关键字都比 16 小，后面的记录的关键字都比 16 大，这样就完成了一趟排序。第二趟排序则是分别对一趟排序的结果：子序列(13,12)和(88,56,77)分别排序，直到每个子序列里只有一个记录位置，全部排序完成。第一趟快速排序过程如图 5.3 所示。

	$r[0]$	$r[1]$	$r[2]$	$r[3]$	$r[4]$	$r[5]$	$r[6]$
第一趟排序：	16	16	56	12	88	13	77
第1次互换：	16	13	56	12	88	16	77
第2次互换：	16	13	16	12	88	56	77
第3次互换：	16	13	12	16	88	56	77

图 5.3   第一趟快速排序过程

代码描述的快速排序算法：

```
int Partition ( SqList &L, int low, int high)
{   L.r[0] = L.r[low];
    pivotkey = L.r[low].key;
    while (low < high)
    {   while (low < high && L.r[high].key >= pivotkey) --high;
        L.r[low++] = L.r[high];
        while (low < high && L.r[low].key <= pivotkey)  ++low;
        L.r[high] = L.r[low];
    }
    L.r[low] = L.r[0];
    return low;
}
```

在算法复杂度上,关键字序列的排序过程是一个近似的完全二叉树,而树的深度即为初始关键字序列的分解次数,为 $\log_2 n$ 次。此外,对于关键字序列而言,不论怎样划分或分解,元素的比较次数都接近于 $n-1$ 次,因此,此种情况下的算法复杂度为 $T(n) = O(n\log_2 n)$。又当记录的关键字相同时,记录位置会发生移动,所以快速排序被认为是较好的不稳定的排序方法。

2. 归并排序

归并排序就是将两个或两个以上的有序表组合成一个新的有序表的过程,常采用 2-路归并排序。

文字描述的 2-路归并排序算法如下。

步骤 1:将有 n 个记录的数据,看成长度为 1 的 n 个有序的子序列。

步骤 2:两两合并排序,得到长度为 2(n 如果是奇数,则包括一个长度为 1 的子序列)的有序子序列,子序列个数是 n/2 个。

步骤 3:再两两合并,直至形成一个长度为 n 的有序序列为止。

代码描述的 2-路归并排序算法:

```
void Merge (RcdType SR[], RcdType &TR[], int i, int m, int n)
{   for (j=m+1, k=i; i<=m && j<=n; ++k)
    {   if ( LQ(SR[i].key, SR[j].key)) TR[k] = SR[i++];
        else TR[k] = SR[j++];
    }
    while (i<=m) TR[k++] = SR[i++];
    while (j<=n) TR[k++] = SR[j++];
}
```

示例:有待排序数据(16,56,12,88,13,77),要求用 2-路归并算法排序。

首先,将待排序列两个数据一组分成三个子序列,对每个子序列内部进行排序。一趟归并后,每个子序列内部有序。然后,再将两个子序列进行归并排序合并为一个序列。通过三趟归并后,整个序列变为有序序列,排序完成,如图 5.4 所示。

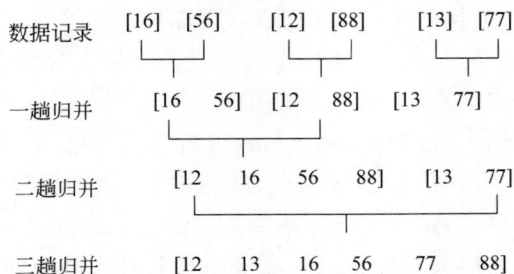

图 5.4 归并排序过程

2-路归并排序的形式也类似一棵二叉树,因此,2-路归并排序算法的时间复杂度也为 $T(n)=O(n\log_2 n)$。因为归并排序采用了 n 个临时空间来存放数据,所以 2-路归并排序算法的空间复杂度为 $S(n)=O(n)$。又由于当记录的关键字相同时,记录位置不会发生移动,所以归并排序算法属于稳定的排序算法。

3. 堆排序

堆排序是一种每趟选择一个最小(最大)的根结点的排序,其记录分布形似一棵树。堆这棵树的特点是根结点小于(或大于)左右孩子结点,小于左右孩子的根结点的叫小顶堆,反之叫大顶堆。当一棵无序树调整为堆,输出根结点之后,就用树的最后一个结点替代根结点,这时候一趟堆排序完成。堆排序的过程就是每趟输出堆顶结点的最小(或最大)值,堆顶根结点被树的最后一个结点替代的过程,n 趟调整就输出 n 个堆顶结点,进而完成堆排序。

示例:有无序树数据(16,56,12,88,13,77),如图 5.5(a)所示,要求对该数据用小顶堆排序。

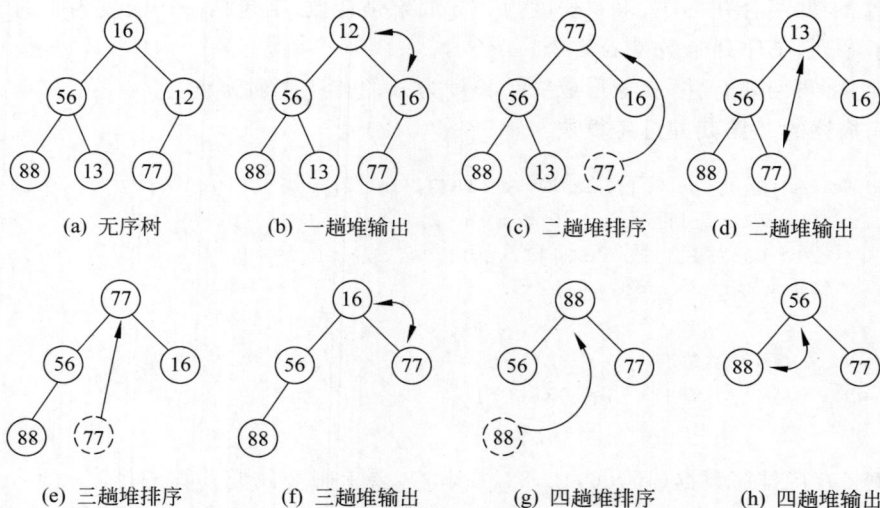

图 5.5　堆排序示例

在图 5.5(a)中,根的右孩子 12 最小,于是根结点 16 与 12 互换,输出新的根结点 12,用树中最后一个结点 77 替换根结点 12,完成一趟堆排序和输出,如图 5.5(b)所示。二趟堆排序如图 5.5(c)所示,结点 13 小于根结点 77,互换并输出根结点 13,如图 5.5(d)所示。三趟排序,结点 16 小于根结点 77,互换并用输出 16,并用最后一个结点 88 替代根结点。四趟排序,结点 56 与根结点 88 互换,输出 56,用最后一个结点 77 替代根结点。五趟排序,输出根结点 77,用最后一个结点 88 替代根结点 77。六趟排序,输出根结点 88,至此,全部结点输出完毕,堆排序结束。堆排序结果为(12,13,16,56,77,88)。

堆排序算法时间复杂度为 $O(n\log n)$,堆排序只需要一个辅助存储空间,因此空间复杂度为 $O(1)$。由于堆排序筛选的调整方法,不可避免地会造成相同关键字结点相对位置发生变化,因此堆排序是一种不稳定的排序算法。

5.1.3　基数排序

5.1.1 节与 5.1.2 节介绍的排序算法时间复杂度分别为 $O(n^2)$ 和 $O(n\log n)$,本节介绍

一种时间复杂度是 $O(d(n+rd))$ 的效率更高的基数排序算法。

在基数排序算法前，先介绍一个概念：多关键字排序。例如：学校统计学生的年龄，常先按关键字班级排序，然后每个班的学生再按关键字年龄大小进行排序。这种有先后顺序的多于一种关键字(班级、年龄)的排序，叫作多关键字排序。

基数排序主要借助分配和收集这两种操作来实现对多关键字的排序。分配即将数据元素按照第一关键字进行位置顺序的调整，收集则将第一趟分配的元素按照分配后的顺序收集起来，实现第一趟按第一关键字排序的有序序列。第二趟分配和收集则是按照第二关键字进行排序，直至所有关键字的分配和收集全部完成，最后的序列就是按多关键字排序的基数排序。下面以自然数为例给出基数排序算法。

文字描述的自然数基数排序算法如下。

步骤 1：设置 10 个标号从 0 至 9 的队列，每个队列内的数据元素用单链表连接，$f[i]$ 和 $e[i]$ 分别为第 i 个队列的头指针和尾指针。

步骤 2：第一趟分配数据元素时，按照个位数的值将元素分配到对应的队列中。当一个队列中多于一个元素时，第二个元素用队内链表存于第一个元素的后面。

步骤 3：第一趟收集时，按照队列标号从小到大排列，同一个队列的元素则按照链表中的先后顺序进行收集，第一趟收集的元素顺序就是第一趟的排序结果。

步骤 4：第二趟按照第二关键字分配和收集，以此类推，直至全部关键字都完成。最后一趟收集的元素序列就是基数排序的结果。

示例：有数据序列 $(12,13,16,56,70,88)$，要求用基数排序算法对该数据进行排序。

因为数据元素只有两位数，因此，设置第一关键字是个位数，第二关键字是十位数。第一趟分配，先按第一关键字的个位数的值，将数据序列内元素按照先后顺序分别置于对应位置；然后按照队列标号从 0 至 9 的顺序收集，如图 5.6 所示。

第一趟分配：

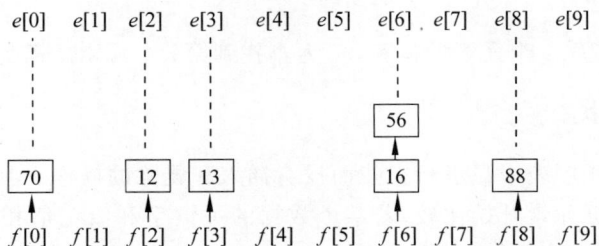

图 5.6　链式基数第一趟排序

第一趟收集的结果：$(70,12,13,16,56,88)$。

第二趟分配，如图 5.7 所示。

第二趟收集的结果：$(12,13,16,56,70,88)$。

本例只有两个关键字，只需要两趟分配和收集，第二趟收集的数据序列就是基数排序的结果。

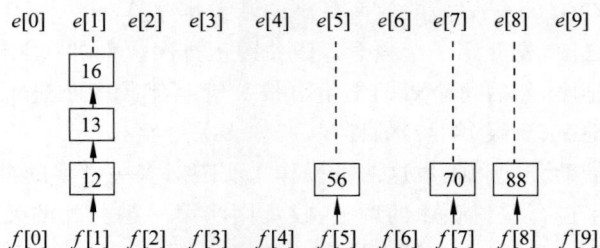

图 5.7　链式基数第二趟排序

对于 n 个记录，每个记录有 d 位关键字，每个关键字的取值范围为 rd 个值的链式基数排序，其时间复杂度是 $O(d(n+rd))$。在空间复杂度上，链式基数排序需要 $2rd$ 个辅助空间，因此其空间复杂度为 $O(rd)$。因为分配、收集都有一定的顺序，不影响重复关键值的相对顺序，因此基数排序是一种稳定的排序算法。

5.2　初阶应用：查找

查找是在数据集合中搜索"特定的"数据元素，查找在数据库中又被称为"查询"或"检索"。查找的类型有静态查找、动态查找和哈希表查找三种类型。静态查找中，"特定的"是指数据元素本身的值和元素的属性等。动态查找中，"特定的"是指在不仅要查找元素的值，而且需要插入不存在的元素或者删除已存在的元素。

查找"特定的"数据元素可以用"关键字"来标识某个元素的值，主关键字可以唯一地标识某个元素，次关键字可以识别若干元素。查找结果好坏的评价指标有查找速度、占用存储空间的大小、算法的时间复杂度以及平均查找长度（Average Search Length，ASL）。ASL 是与关键字比较次数的期望值，n 个数据元素比较的期望值为

$$\text{ASL} = \sum_{i=1}^{n} p_i c_i$$

其中，p_i 为查找第 i 个元素的概率，c_i 为查找到第 i 个元素所需比较的次数。

5.2.1　静态查找

静态查找是在顺序表中只进行查找而没有插入和删除的操作。具体查找过程是从顺序表中最后一个数据元素开始比较，若某个数据的关键字和给定值相等，则查找成功；否则，表示顺序表中没有该元素，查找不成功。

静态查找数据的逻辑结构的定义：

ADT StaticSearchTable {

　　数据对象：D 是具有相同特性且关键字相同的数据元素的集合。

　　数据关系：D 中所有数据元素同属一个集合。

}

静态查找数据的物理结构的定义：

```
typedef struct{
    ElemType * elem;
    int length;
} SSTable;
```

其中，* elem 是数据元素存储空间的地址，基地址为 0 的单元留空，用来存储查找关键字。length 是表中元素个数。

静态查找的类型有顺序查找、折半查找和索引表查找，下面将分别进行介绍。

1. 顺序查找

顺序查找就是在顺序表里，从表的最后一个数据元素往前依次与查找关键字进行比较。

代码描述的顺序查找算法：

```
int search_seq (SSTable ST,KeyType key)
{   ST.elem[0].key=key;
    for(i= ST.length; !EQ(ST.elem[i].key, key ); --i);
    return(i);
}
```

算法中，首先将关键字存到顺序表 ST 中第 0 地址的位置；然后从表中最后一个元素开始与关键字进行比较，若找到与关键字相同的元素，则返回该元素所在的位置。

假设顺序表中每个元素查找的概率都为 $p_i = \dfrac{1}{n}$，则顺序表查找成功的平均查找长度（ASL）为

$$\text{ASL} = \sum_{i=1}^{n} p_i c_i = \frac{1}{n} \sum_{i=1}^{n} i = \frac{1}{n} \cdot \frac{n(n+1)}{2} = \frac{n+1}{2}$$

顺序查找算法的优点是算法简单，但 $\dfrac{n+1}{2}$ 的平均查找长度还是较大。

2. 折半查找

如果顺序表中数据元素是按关键字升序或降序排列的有序表，则有序表的查找可以采用折半查找法。

文字描述的折半查找算法如下。

步骤 1：数据初始化。将关键字存到表中第 0 个地址，设置指针 low 和 high 分别指向有序表的第一个地址和最后一个地址，指针 mid 指向有序表的中间位置：mid=⌊(low+mid)/2⌋。

步骤 2：用关键字与表中间位置 mid 的数据元素值 k 进行比较。

步骤 3：若相等，则查找成功，返回数据元素的位置。

　　　　若 k＜关键字，则查找表中后一半的数据元素。

　　　　若 k＞关键字，则查找表中前一半的数据元素。

步骤 4：如此反复，直到查找成功或表中全部数据都比较完毕。

代码描述的折半查找算法：

```
int Search_Bin ( SSTable ST, KeyType key )
{   low = 1; high = ST.length;
    while (low <= high)
    {   mid = (low + high) / 2;
        if (EQ(key, ST.elem[mid].key ))
            return mid;
        else if (LT(key, ST.elem[mid].key ))
            high = mid - 1;
            else low = mid + 1;
    }
    return 0;
}
```

折半查找的过程可用二叉树来描述，中间结点是二叉树的根，表中前一半数据相当于左子树，表中后一半数据元素相当于右子树。经过一次比较的中间数据元素作为根结点放在第1层，需经过两次比较的数据作为根结点的孩子结点放在第2层，以此类推，即可得到一棵有序表的二叉树，也叫折半查找的判定树，如图5.8所示。

1	2	3	4	5	6	7	8	9
10	13	15	23	33	45	56	60	80

(a)

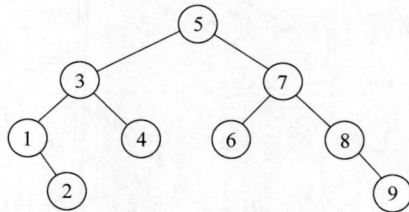

(b)

图5.8　有序表与判定树

折半查找的过程是从根结点比较到叶子结点的过程，查找长度不超过树的高度，即平均查找长度（ASL）为 $h=\lceil \log_2(n+1)\rceil$。

折半查找算法的优点是查找速度快，但表中元素必须有序，因此折半查找适合表中元素插入和删除不太频繁的情况。而对于顺序表中数据元素无序，插入或删除元素频繁变化的情况，索引表就是兼顾折半和顺序查找优点的算法。

3. 索引表的查找

索引表查找是综合了顺序表和折半查找表的优点而形成的查找方法。首先，索引表中的数据元素被分成几段，各段之间是有序表，例如，第一段的数值都在20以内，第二段的数值在21～40，第三段的数值在41～80。各段内部的数据是无序的。例如，第一段的数据元素为13、10和15，第二段的数据元素为33、23，第三段的数据元素为60、45、56和80。索引表由各分段的"最大关键字"和"终止序号"组成,例如,各段最大关键字为 20、40 和 80,各段最后一个序号是 3、5 和 9。索引表查找时,先在索引表中进行折半查找,以确定关键字所在的段,然后在"段"中进行顺序查找。例如,查找关键字为 45,则先找到在第三段,然后在第三段内顺序查找到第 7 个位置的数据元素即为要找的关键字,具体如图 5.9 所示。

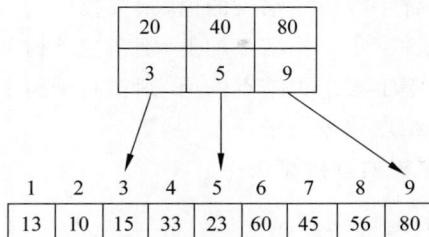

20	40	80
3	5	9

1	2	3	4	5	6	7	8	9
13	10	15	33	23	60	45	56	80

图 5.9　索引表查找

由于索引表是由有序表的折半查找和顺序查找组合而成的,因此,索引表查找的平均查找长度介于顺序表和折半查找之间。

5.2.2　动态查找

动态查找是对于"特定的"关键字,若查找成功,则返回或者根据需要删除;若查找不成功,则插入该关键字的数据元素。因此,动态查找包括查找、插入和删除等操作。

动态查找数据的逻辑类型定义:

ADT DynamicSearchTable {

　　　　数据对象 D:D 是具有相同特性的数据元素的集合。每个数据元素含有类型相同的关键字,并且可以唯一标识数据元素。

　　　　数据关系 R:数据元素同属一个集合。

}

典型的动态查找是通过树状结构实现的,主要有二叉排序树和平衡二叉树等。下面将对二叉排序树和平衡二叉树的查找、删除和插入等操作分别进行介绍。

1. 二叉排序树

二叉排序树的定义:二叉排序树或者为空,或者如果不为空,则其左子树上所有结点的值均小于根结点的值;右子树上所有结点的值均大于根结点的值;同理,它的左右子树也分别是二叉排序树,如图 5.10 所示。

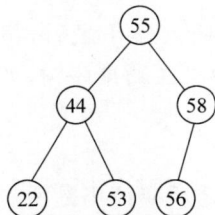

图 5.10　二叉排序树

1）二叉排序树的查找

二叉排序树上关键字的查找实质上是二叉树中序遍历的过程。

文字描述的二叉排序树的查找算法：

步骤 1：在查找过程中，如果二叉排序树为空，则查找不成功。

步骤 2：如果查找的关键字等于根结点的值，则查找成功。

步骤 3：如果查找的关键字小于根结点的值，则在左子树上进行查找。

步骤 4：如果查找的关键字大于根结点的值，则在右子树上进行查找。

步骤 5：直到树中所有结点比较完毕。

伪代码描述的二叉排序树的查找算法：

```
BiTree SearchBST (BSTree T, KeyType key)
{   if (!T && EQ(key, T->data.key)) return(T);
    else if LT(key, T->data.key)
        return (SearchBST(T->lchild.key));
        else return (SearchBST (T->rchild.key));
}
```

2）二叉排序树的插入

二叉排序树是一种动态树，其树的结构不是一次性生成的，而是在查找过程中，通过不断地插入来实现树的构造的。当在二叉排序树中查找不成功时，则插入值为关键字的结点，即当查找不成功时，则进行结点的插入操作。

代码描述的二叉排序树的插入算法：

```
Status InsertBST(BiTree &T, ElemType e )
{   if (!SearchBST ( T, e.key, NULL, p )
    {   s = (BiTree) malloc (sizeof (BiTNode));
        if (!s)  exit(1);
        s->data = e; s->lchild = s->rchild = NULL;
        if ( !p) T = s;
        else if T( e.key < p->data.key )  p->lchild = s;
            else p->rchild = s;
        return TRUE;
    }
    else return FALSE;
}
```

示例：从空树开始，经过查找、插入操作之后，将一个无序序列{55,22,44,58,53,56}生成一棵二叉排序树，如图 5.11 所示。

3）二叉排序树的删除

在二叉排序树上删除一个结点之后应该仍是一棵二叉排序树。删除二叉排序树上的结点有 4 种类型：叶子结点、有左右子树的结点、只有左子树或者只有右子树。当删除结点

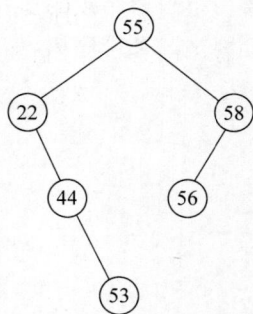

图 5.11   二叉排序树的插入

为叶子结点时,直接删除该结点和其与双亲链接的指针。当删除结点只有左子树或者只有右子树时,删除结点并将其左子树或者右子树直接链接到其双亲结点即可。当删除结点有左右子树时,删除该结点并将被删结点的"前驱"结点放置到删除结点的位置,修改前驱结点相关的指针。查找前驱结点的具体操作:当删除结点的左子树的根结点没有右子树时,左子树的根结点就是被删除结点的前驱;当删除结点的左子树的根结点有右子树时,则右子树的最大值结点就是其前驱结点。

代码描述的二叉排序树的删除算法:

```
Status DeleteBST (BiTree &T, KeyType key )
{   if (!T) return FALSE;
    else
    {   if (EQ(key,T->data.key)  return Delete (T);
        else if (LT(key,T->data.key)
            return DeleteBST( T->lchild, key);
            else return DeleteBST( T->rchild, key );
    }
}
```

删除操作的子函数:

```
Status Delete ( BiTree &p )
{   if (!p->rchild)
        { q = p; p = p->lchild; free(q); }
    else if (!p->lchild)
        { q = p; p = p->rchild; free(q); }
    else {q = p; s = p->lchild;
        while (!s->rchild) { q = s; s = s->rchild; }
        p->data = s->data;
        if (q != p) q->rchild = s->lchild;
        else q->lchild = s->lchild;
        delete s;
    }
}
```

4）二叉排序树的查找分析

对于图 5.12(a)和图 5.12(b)两个二叉排序树,查找成功的平均查找长度的分析如下。

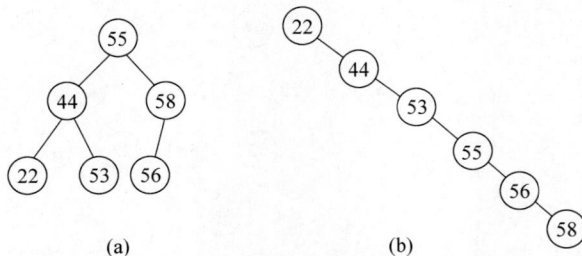

(a)　　　　　　　　　　(b)

图 5.12　二叉排序树的平均查找长度

如图 5.12(a)所示的二叉排序树,是由关键字序列(55,44,58,22,53,56)组成的,在查找概率相等的情况下,其查找成功的平均查找长度为

$$ASL=\frac{1}{6}(1+2\times2+3\times3)=\frac{14}{6}$$

如图 5.12(b)所示的二叉排序树,是由关键字序列(22,44,53,55,56,58)组成的,在查找概率相等的情况下,其对应的平均查找长度为

$$ASL=\frac{1}{6}(1+2+3+4+5+6)=\frac{21}{6}$$

从图 5.11 和图 5.12 可以看出二叉排序树不唯一,由此得出的结论是:它由输入关键字插入的先后次序决定。从图 5.12(b)可以看出,当输入的关键字序列是有序的时候,所生成的二叉查找树有可能偏向于单支,从而使其查找性能接近于顺序表,此时的查找深度为 n。从图 5.12(a)可以看出,当二叉树和折半查找判定树相同时,类似于一棵"平衡"树时,其查找深度为 $\lfloor \log_2 n \rfloor+1$。得出的结论是:二叉排序树的平均查找长度与树的形态或者深度有关。

可否构建一棵平衡二叉排序树,并且它与关键字序列无关? 这就需要在动态生成二叉树排序树的过程中进行"平衡"处理,使得在任何时刻二叉排序树的形态都是"平衡"的,这就是平衡二叉树。

2. 平衡二叉树

平衡二叉树的定义是:它要么是一棵空树,要么是左右子树深度之差的绝对值不大于 1 的二叉排序树。平衡二叉树又被称为 **AVL** 树,起名为 **AVL** 是为了纪念平衡二叉树的提出者 G.M. Adelson-Velsky 和 E.M. Landis 教授,由他们名字的缩写而成。左右子树深度之差的绝对值还有一个名字叫作结点的**平衡因子**。二叉树中各结点的平衡因子绝对值越大,平均查找长度就越大。因此,最好的情况是任何初始序列构成的二叉排序树都是平衡二叉树。

构造平衡二叉树的步骤是:从空树开始,每插入一个关键字就要检查二叉排序树是否平衡,如果不平衡,则需对树进行"旋转"处理。"旋转"处理有 LL 型、RR 型、LR 型以及 RL型 4 类。LL 型是在左子树根结点的左子树上插入结点,要进行一次向右的顺时针旋转处理。RR 型是在右子树根结点的右子树上插入结点,要进行一次向左的逆时针旋转处理。LR 型是在左子树根结点的右子树上插入结点,要进行先左旋、后右旋的两次旋转操作。RL型是在右子树根结点的左子树上插入结点,要进行先右旋、后左旋的两次旋转的平衡操作。

示例:对于序列{55,22,44,58,53,56},构造平衡二叉树的过程如图 5.13 所示。

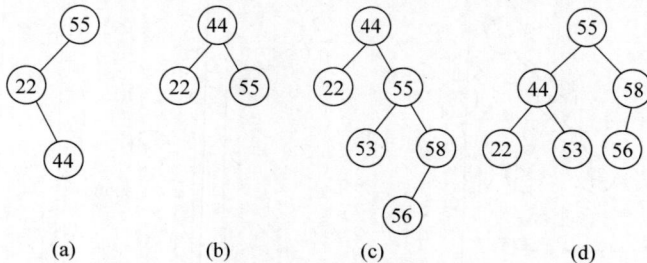

图 5.13 平衡二叉树的构造过程

5.2.3　哈希表

与静态和动态查找表不同的是,哈希表是不用经过比较而能够直接通过映射关系得到的查找表。该映射关系记录的是数据的存储位置与关键字之间的关联。它从关键字出发,建立与记录存储位置的联系,是通过存取就能得到所要查找元素的方法。哈希表包括存储和查找两部分,哈希表的存储是根据关键字的值按照某种映射关系计算出数据的位置进行存储;哈希表的查找则是根据给定的关键字值按照对应的映射关系查找出数据的存储位置。

哈希表中关键字与存储位置之间的映射过程也称为"散列",即 Hash,也是哈希表音译的由来。哈希表映射关系是通过构造一个哈希函数 H 来实现的,通过输入关键值 key,函数就能够计算出元素记录对应的存储位置 $H(key)$,也叫哈希地址。一个好的哈希函数 H 能够使一组关键字都均匀地分布在哈希地址连续的空间里,而且没有两个或多个关键字哈希到同一个地址上产生冲突,最好这个哈希函数 H 还是一种简单的易于计算的函数。

1. 哈希函数

哈希函数的种类有:直接定址法、数字分析法、平方取中法、折叠法、除留余数法和随机数法,下面将分别进行介绍。

1) 直接定址法

直接定址法的思路是直接把关键字的值或关键字的某个线性函数值作为记录的哈希地址,例如,哈希函数是 $H(key)=key$,或者是线性变换函数 $H(key)=a×key+b$,其中,a 和 b 都是常数。

例如,有关键字 $(4,7,8,0,2,3,6,1)$,其哈希函数为 $H(key)=key$,它们对应的哈希地址是 $(4,7,8,0,2,3,6,1)$;线性变换哈希函数为 $H(key)=2×key-7$,哈希地址为 $(1,7,9,-7,-3,-1,5,-5)$,如表 5-1 所示。

表 5-1　直接定址法

关　键　字	直接哈希地址	线性变换哈希地址
4	4	1
7	7	7
8	8	9
0	0	−7
2	2	−3
3	3	−1
6	6	5
1	1	−5

直接定址法的优点是:其所得到的地址长度与关键字集合大小相等,且关键字的哈

希地址不会发生冲突。缺点是：一组关键字如果对应一片地址连续的空间,直接定址法的某些地址单元会有空闲,空间利用的效率较低。

2）数字分析法

如果碰见关键字位数比哈希地址位数大的情况,尤其是在关键字的最大位数相同的时候,则要对关键字进行分析,选取其中分布均匀的若干位或它们的组合作为哈希地址。如表 5-2 中的关键字,只需要 8 个空间,但是由于数字分布相差很大,通过数字分析,看到十位数上的数字分布较均匀,于是按照十位数上的数字作为哈希地址。

表 5-2　数字分析、平方取中和叠加法

关　键　字	数字分析哈希地址	平方取中哈希地址	折叠法哈希地址
141	4	16	5
172	7	49	9
182	8	64	10
101	0	0	1
223	2	4	5
233	3	9	6
265	6	36	11
215	1	1	16

3）平方取中法

平方取中法的思路与数字分析法类似,只不过是将数字中的一部分关键字做平方运算,取其中间几位作为哈希地址。表 5-2 中的平方取中法,是先取了一部分关键字然后做的平方处理。

4）折叠法

折叠法的思路是如果关键字的位数多,哪一位上的数字分布都不够均匀,那么就采用移位或位数叠加作为哈希地址的方法。表 5-2 中的叠加法就是把十位和个位上的数字进行叠加的结果。

5）除留余数法

除留余数法的思路是将关键字被某个数除之后所得余数作为哈希地址,即 $H(\text{key}) = \text{key MOD } p$,其中,MOD 是取余运算,$p$ 为不大于表长的素数。

6）随机数法

随机数法的思路是取关键字的随机函数值作为哈希地址,其公式为

$$H(\text{key}) = \text{random}(\text{key})$$

2. 哈希地址冲突的处理

通过哈希函数得出的哈希地址有时会发生冲突,例如,表 5-2 中折叠法关键字 141 和 223 的哈希地址都是 5,而一个存储空间地址只能存一个关键字,两个关键字就地址冲突了,不能存储,因此要想办法处理地址冲突的问题。典型的处理地址冲突的方法有开放定

址法、链地址法、再哈希法和建立公共溢出区。

1）开放定址法

开放定址法的思路是当探测到地址发生冲突时,在此地址的基础上加一个常量,如果地址仍然冲突,再探测再加常量,直到地址不冲突为止,即

$$H_i = (H(\text{key}) + d_i) \text{ MOD } m, i = 1, 2, \cdots, k \ (k \leqslant m-1)$$

$H(\text{key})$ 为哈希函数,d_i 为增加的常量,m 为哈希表长。增加的常量 d_i 如果是线性递增的,叫作线性探测再散列,如 $d_i = 1, 2, \cdots, m-1$;如果是指数增加的,叫作二次探测再散列,如 $d_i = 1^2, -1^2, 2^2, -2^2, 3^2, \cdots, \pm k^2 (k \leqslant m/2)$;也可以是随机数序列,叫作伪随机探测再散列,如 $d_i =$ 伪随机数序列。

2）链地址法

链地址法相当于用一个邻接表来存储关键字,一维数组存储的是哈希地址和相应的关键字,链表存储的是哈希地址。例如,一组关键字(141,172,182,101,223,233,265,215),哈希函数为 $H(\text{key}) = \text{key MOD } 7$,哈希地址为(1,4,0,3,6,2,6,5),用链地址法处理地址 6 的冲突,如图 5.14 所示。

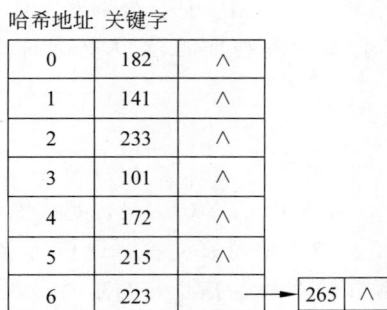

图 5.14　哈希链地址法

在图 5.14 中,7 个关键字,一维数组有 6 个存储单元,冲突的地址使用了一个单链表进行再散列。

3）再哈希法

再哈希法的思路是当哈希地址发生冲突时,用另一个哈希函数再进行计算,再散列出新的哈希地址,一直到不发生冲突为止。

4）建立公共溢出区

建立公共溢出区的思路是建立一个溢出表,当哈希地址发生冲突时,就把冲突的关键字存入溢出表里。

与静态查找和动态查找相比,哈希法的优点是查找效率高。但是缺点是哈希表在建立和查找时,会发生哈希地址的冲突问题。而发生冲突的次数与表的填充程度有关,表填的越满发生冲突的可能性就越大,查找也就越慢。在哈希函数相同的情况下,处理冲突的方法不同,哈希表的平均查找长度也不同。

5.3　进阶应用：旅行商问题的人工智能算法

旅行商问题（Traveling Salesman Problem，TSP）是经典的组合优化 NP（Non-deterministic Polynomial）难题，也是现实生活中应用最广的导航最优路径、物流快递和送外卖等的路径规划问题，即路径中的结点（如城市、配送点）只能访问一次，并且最后要回到起始结点，而走过的总的距离最短。求解 TSP 问题，有深度优先遍历、最小生成树等图或网状结构算法（详见 4.4.5 节），也有蚁群算法、遗传算法、粒子算法和拟蛇人工智能算法等诸多的群智能仿生方法。其中，拟蛇人工智能算法是本书作者张菁教授于 2005 年发明的，2008 年获得了国家发明专利授权。拟蛇人工智能这部分不仅给出了算法，同时也给出了算法对应的程序，最大的亮点还在于阐述了拟蛇人工智能算法的发明过程，希望能够给读者以启迪。发明算法并不神秘，通过思考触发本能的想法，每个人都能提出或发明新的解决问题的思路和方法，进而给出能够解决实际问题的新算法和新程序。

随着 TSP 问题规模的增大、动态因素的增多，基于最新的神经网络或深度学习的 AI 算法也已经不断被提出。本节将围绕 TSP 问题，分别对上述提到的蚁群算法、遗传算法、粒子算法和拟蛇人工智能算法 4 种群智能算法以及最新的 AI 算法进行详细分析和阐述。

5.3.1　蚁群算法

蚁群算法（Ant Colony Optimization，ACO）是由意大利学者 M.Dorigo 于 1992 年提出的，它是一种仿生算法，模拟自然界中蚂蚁觅食时选择所走路径的行为方式，即每只蚂蚁觅食时在走过的路线上会留下一种称为信息素的东西（如蚂蚁携带气味，路上留下的脚印等），蚂蚁在选择路径时会朝着信息索浓度高的方向移动。而在距离短的路径上蚂蚁会更快地返回，因此，走过的蚂蚁就多，留下的信息素也多，而后面蚂蚁选择该路径的概率就大。距离长的路径，蚂蚁返回的时间会长，相同时间内，来回走的蚂蚁的数量就少，路径上存留的信息素浓度就小，后面蚂蚁选择它的概率就小。距离短的路径→蚂蚁多→信息素浓度高→被选择的概率大，这样就形成了一种正反馈机制，整个蚁群的活动路径就是最短路径。这也是蚁群算法解决 TSP 最优路径问题的思路。

模拟蚁群算法解决 TSP 问题的过程，如图 5.15 所示。有左右两条路径，右边路径长，左边路径短。初始的时候，如图 5.15(a)所示，蚂蚁在分叉路口时对左右路径的选择是随机的。其次，随着返回蚂蚁数量的增多，如图 5.15(b)所示，左边短路径上蚂蚁数量多于右边长路径上蚂蚁数量，左边路径上信息素浓度高，更多的蚂蚁选择左边路径。最后，几乎所有蚂蚁都选择信息素浓度高的左边短路径，如图 5.15(c)所示，至此算法结束，最优路径选择完毕。

文字描述的蚁群算法解决 TSP 问题的算法：

假设一个旅行商人要访问全国 n 个省会城市，需要选择最短的路径。

步骤 1：初始化：设置 m 只蚂蚁，n 个城市，i 和 j 是其中的两个城市，设置 $\tau_{ij}(t)$ 信息素初值为 0。

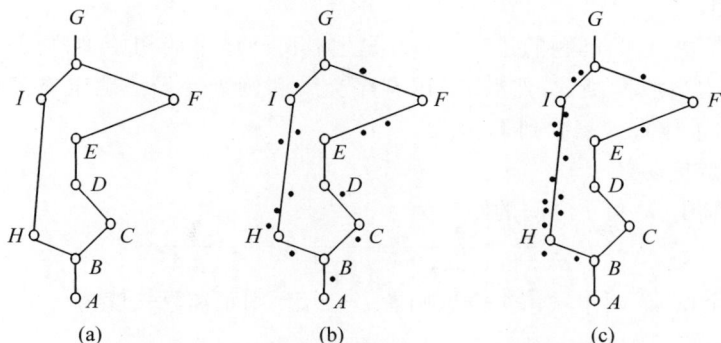

图 5.15　蚁群算法最优路径执行过程

步骤 2：m 只蚂蚁根据路径上信息素 $\tau_{ij}(t)$ 的值的大小，选择到达下一座城市的路径，完成各自的路径选择。

步骤 3：记录每只蚂蚁每次迭代所走路径，更新该路径信息素 $\tau_{ij}(t)$ 的值。

步骤 4：返回步骤 2，直至最大迭代次数 n。

步骤 5：输出记录的最优路径。

按照上面的蚁群算法，可以得到 n 个城市的最短路径，如图 5.16 所示。

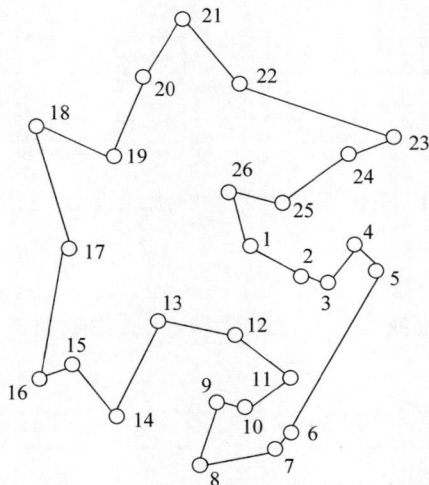

图 5.16　基于蚁群算法的 n 个城市最短路径

5.3.2　遗传算法

遗传算法（Genetic Algorithm，GA）也是一种仿生算法，它模拟人的染色体在遗传进化中的交叉和变异过程。本节是通过遗传进化过程来解决 TSP 最优搜索路径问题。遗传算法初始时，产生一个初代种群，然后在每一代进化中根据个体的**适应度**，借助遗传学中遗传算子**交叉**和**变异**的优化组合，产生出新的种群。这个遗传过程就遵循了自然进化规律，产生的后代比前代更优。不断寻找最优组合，也是遗传算法能够用来解决 TSP 最优解问题的依据。

遗传算法解决 TSP 问题的过程为：首先生成访问城市的初始种群，并计算所有城市的距离总和作为适应度函数；然后，采用有序交叉和倒置变异法确定**交叉算子**和**变异算子**，以保证优秀个体直接复制到下一代。

1. 距离适应度函数

已知两个城市 m 和 n 之间的距离为

$$d_{mn} = \sqrt{(x_m - x_n)^2 + (y_m - y_n)^2}$$

一共有 t 个城市，两个城市组合数则有 $t-2$ 组，则距离总长度为

$$J(t) = \sum_{j=1}^{t-2} d(j)$$

适应度函数是距离总长度的倒数，表示个体之间的距离越短，适应度函数值越大，适应度越好，即

$$f(t) = \frac{1}{J(t)}$$

2. 交叉算子

交叉算子是指对群体中的父代个体两两进行交叉，形成子代新个体的操作。以交叉概率随机选择两点进行交叉为例：

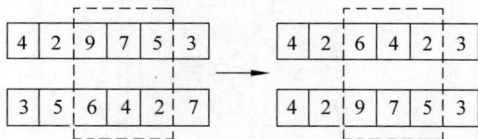

左边上下两组父代个体，随机选取个体中的虚线部分，上下互换，就形成了右边的新的子代个体。

3. 变异算子

对群体中个体上的某位或者某些位做变动，从而生成新的个体。这里以倒置变异法为例，如下所示。

文字描述的 TSP 遗传算法如下。

第 1 步：初始化阶段。包括初始化对象：城市数量和它们之间的距离、城市之间路径组合的种群规模、运行迭代数、交叉概率和变异概率。

第 2 步：计算种群的适应度函数，根据个体适应值对其进行优劣判断。

第 3 步：保存策略。按概率从种群中选择优秀的适应度最大的个体直接替换群体中适应度最小的个体。保存替换的下一代是为了避免交叉和变异运算破坏种群中的优秀个体。

第 4 步：迭代策略。是采用交叉与变异运算的迭代过程。

第 5 步：输出迭代过程中产生的最短路径及长度，算法结束。

综上所述,可以得到遗传算法解决 TSP 问题的流程图,如图 5.17 所示。

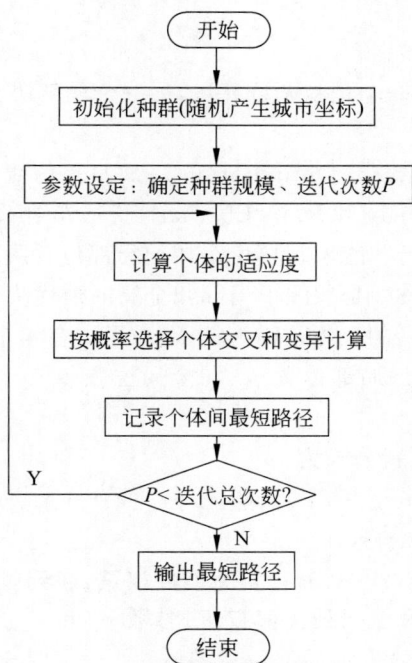

图 5.17　TSP 遗传算法的流程图

具体的 TSP 问题的最短路径规划结果,如图 5.18 所示。

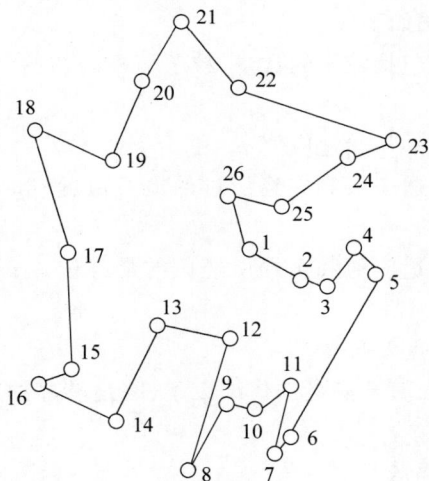

图 5.18　基于遗传算法的 TSP 最优路径

　　上述遗传算法解决 TSP 最短路径问题,设定初始种群的个数为 200(城市之间的路径组合数量),交叉概率为 0.7,变异概率为 0.06,算法的迭代次数为 1000。一般根据具体问题的规模和计算能力来设定算法的运行参数。种群规模越大,算法结果越精确,适应度越好,但运行时间就越久。

5.3.3　粒子群算法

本节包括两部分内容:一个是粒子群算法,另一个是解决 TSP 问题的粒子群算法。

1. 粒子群算法

粒子群算法(Particle Swarm Optimization,PSO)是仿照鸟群保持人字队形飞行的方式,由美国科学家 J. Kennedy 和 R. C. Eberhart 于 1995 年发明的智群算法。鸟在飞行时为了保持人字队形,其飞行状态不仅要由个体的局部位置决定,而且要结合其在鸟群中的全局位置来决定。所以 PSO 是兼顾了局部和全局的最优决策算法。

在粒子群算法中,每个鸟的个体被称为粒子,粒子 i 有 4 个特征属性:粒子飞行的位置 x_i、速度 v_i 和它的适应值(局部位置 p_i 和全局位置 p_g)、粒子的局部最好位置 pbest 和全局最好位置 gbest。

粒子的速度和位置的更新公式为

$$v_i = wv_i + c_1 r_1 (p_i - x_i) + c_2 r_2 (p_g - x_i) \qquad (1)$$

$$x_i = x_i + \alpha v_i \qquad (2)$$

一共有 M 个粒子,$i = 1, 2, \cdots, M$;w 为惯性权重,起到收敛的作用;c_1 和 c_2 为加速常数,用来调整局部最优值和全局最优值权重;参数 r_1 和 r_2 是两个在 $[0,1]$ 范围里变化的随机函数 rand();$(p_i - x_i)$ 表示局部位置差,$(p_g - x_i)$ 是全局位置差;α 是约束因子,目的是控制速度的权重。粒子的更新速度公式(1)是由更新前的速度乘以权重 wv_i,局部位置乘以加速常量和随机值、全局位置乘以加速常量和随机值决定的。粒子的更新位置公式(2)是由粒子更新前的位置加上更新的速度乘以权重决定的。

文字描述的粒子群算法如下。

步骤 1:粒子初始化。包括粒子的数量、粒子随机的初始位置及速度、惯性权重等参数值。

步骤 2:计算各个粒子的初始适应值 p_i 和 p_g。

步骤 3:将每个粒子的适应值和它经历过的最好位置 pbest 做比较,如果更好,则将其作为当前的最好位置 pbest。

步骤 4:将每个粒子的适应值和全局所经历的最好位置 gbest 做比较,如果更好,则重新设置 gbest。

步骤 5:更新粒子的速度及位置。

步骤 6:重复步骤 3~5 直至满足迭代结束条件(足够好的适应值或达到一个预设最大迭代数)为止。

2. TSP 问题的粒子群算法

在 TSP 问题中,粒子群算法中的公式(1)和(2)变成了 TSP 粒子群算法中的公式(3)和(4),主要的参数没有变化,只是公式(1)中的速度 v_i 变成了公式(3)的旅行商选择的路径 V_i。本例中有 26 个城市,因此粒子数量为 $i = 26$,x_i 是城市粒子的位置,城市粒子的速度 V_i 表示的是旅行商所走的路径。基于城市的位置,根据公式(3)计算出旅行商 V_i 的值,代入公式(4)得出下一个城市的位置 x_i。以此类推,决定了 TSP 访问下一个城市的位置,于是得到 TSP 粒子群算法的最短路径。

$$V_i = wV_i + c_1 r_1 (p_i - x_i) + c_2 r_2 (p_g - x_i) \tag{3}$$

$$x_i = x_i + \alpha V_i \tag{4}$$

TSP 粒子群算法的流程图如图 5.19 所示。

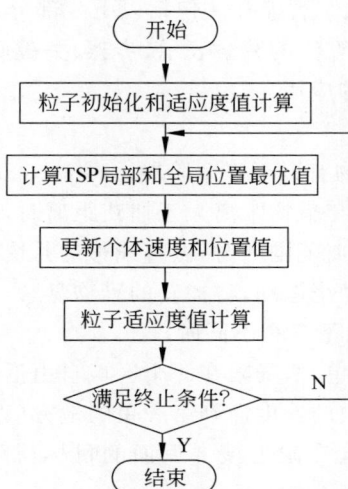

图 5.19 TSP 粒子群算法的流程图

通过上述 TSP 粒子群算法,可以得到 26 个城市的最短路径,如图 5.20 所示。考虑到全局而不是局部的城市位置分布,旅行商所访问城市的路径是有交叉的。总结来说,对比蚁群算法,PSO 是一个兼顾局部和全局的随机搜索算法,虽然该算法每次的搜索结果都不尽相同,但 TSP 问题粒子群算法的收敛性表现整体较好。

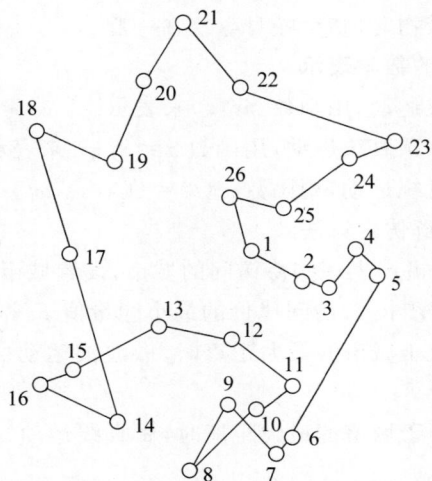

图 5.20 基于粒子群算法的 TSP 最优路径

5.3.4 拟蛇人工智能算法

拟蛇人工智能算法是本书作者张菁教授早在 2005 年于哈尔滨工业大学做博士后研究时提出的一种新的智群仿生算法,并于 2008 年获得了发明专利授权(专利授权号:ZL2008 1 0209785.8)。拟蛇人工智能算法包括以下 4 部分:①基于蛇的生物启发;②蛇的运动过程;③拟蛇智群仿生算法的数学表示、步骤、关键函数和伪代码程序;④基于拟蛇算法的 TSP 最短路径问题的应用。

1. 基于蛇的生物启发

在运动模式上,蛇扑食猎物有以下三个阶段。

(1) 当未发现猎物目标或与猎物距离大于捕获距离时,蛇做波浪移动。

(2) 当发现目标在捕获距离范围内时,做直线移动并快速接近猎物。

(3) 当捕获到猎物后,做盘绕运动,将捕获的猎物盘紧。

TSP 最短路径问题也有以下三个不同阶段。

(1) 旅行商在没有接到订单时,局限在一个区域自由活动(随机的波浪运动)。

(2) 当接到订单时,以最快的速度冲到第一单的地方(直线运动)。

(3) 当第一单后完成,他会在附近搜寻后面的目标,都是在这一个城市群区域活动(盘绕运动)。

2. 蛇的运动过程

(1) 波浪运动:移动时,蛇的躯体做横向(或纵向)波动,形成若干波峰和波谷;从头部至尾部,波峰和波谷随时间交替改变,使蛇的躯体总处于力不平衡状态,从而实现运动。

(2) 直线式移动:这种运动方式是当蛇在光滑表面、狭窄通道或是在攻击猎物时采用的方式。

(3) 盘绕运动:捕获猎物时,整个蛇身盘绕在一起。

3. 拟蛇人工智能算法的数学表示

(1) 初始状态:做波浪运动,用函数 $\sin(t)$ 来表示。

(2) 中间状态时:是一条直线运动,用函数 $x = x + t$ 来表示。

(3) 后期状态时:做盘绕运动,用函数 $x(t) = (C_1 \cos(\omega t) + C_2 \sin(\omega t))$ 表示。

4. 文字描述的拟蛇智群仿生算法

步骤 1:初始状态:随机产生一些待访问的城市,设置城市数量和它们之间的最大距离 max_distance,更新速度步长 t,访问代价的最小能量值 F 等。

步骤 2:当访问距离大于城市的最大距离时,做波浪运动 $\sin(t)$,并计算访问总的最小能量值。

步骤 3:当访问距离等于城市的最大距离时,做直线运动 $x = x + t$,并计算访问总的最小能量值。

步骤 4:当访问距离小于城市的最大距离时,做盘绕运动 $x(t) = (C_1 \cos(\omega t) + C_2 \sin(\omega t))$,并计算访问总的最小能量值。

步骤 5:访问总的最小能量不再变化时,输出访问城市的先后顺序,算法结束。

5. 拟蛇智群仿生算法的关键函数

关键函数包括三个：波浪运动函数 wave_motion，直线运动函数 line_motion 和盘绕运动函数 coil_motion。

1）wave_motion 函数

波浪运动方式：典型的蛇类运动方式，当与食物（城市）距离远时使用。即当区域空间大，拥挤程度低时，蛇的躯体做波浪运动，形成若干波峰和波谷。从头部至尾部，波峰和波谷随时间交替改变。移动路径是正弦波，设置起点是 0，终点是 10，步长是 0.1。

```
x=0:0.1:10
plot(sin(x),x)
```

2）line_motion 函数

直线式移动方式：当与食物（城市）距离相近时，移动路径为直线式。

```
x=0:0.1:10
y=x
plot(x,y);
```

3）coil_motion 函数

盘绕运动方式：当捕获食物后（城市群），移动路径是螺旋曲线，设起步是 0，终点是 10 * pi，步长为 pi/50。

```
t=0:pi/50:10 * pi;
plot(k1 * cos(t) + k1 * sin(t), k2 * cos(t) + k2 * sin(t));
```

6. 拟蛇智群仿生算法的伪代码程序

```
Main                                         %主程序的名字是 zj_snake %
grid
axis([-40 40 -40 40 0 40])                   %三维城市位置坐标%
clear;
initial;                                     %初始化时,随机城市位置%
  while the condition is not satisfied       %循环条件是:能量最小否%
    switch (F_condition)                     %符合的条件不同,所采用的函数也不同%
    case value 1
      wave_motion
    case value 2
      line_motion
    otherwise
      coil_motion
  End
End
```

7. 基于拟蛇人工智能算法的 TSP 城市最短路径

基于拟蛇人工智能算法 n 个城市的 TSP 问题，如图 5.21 所示。

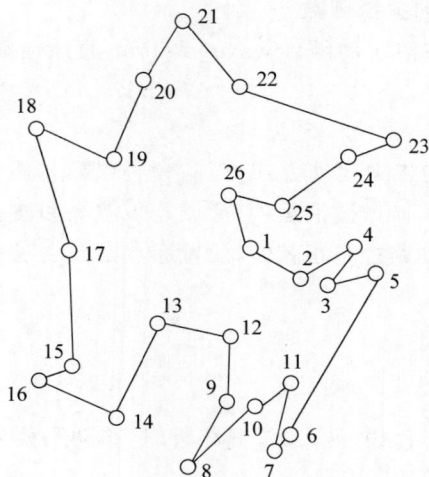

图 5.21　基于拟蛇人工智能算法的 TSP 最优路径

　　到现在为止,读者会发现,无论是蚁群算法、遗传算法、粒子群算法还是拟蛇算法,其
TSP 城市最短路径问题的答案都不同。那是因为各种人工智能算法的原理不同,算法实
现的过程也不同,因此,每个算法所得到的最优路径解也不同。这也是 TSP 被称为组合
优化 NP 世界性难题的原因了。如果要说明哪种组合优化算法最优,必须要经过严格的
数学推导和实际应用方面的论证,这不在本书讨论的范围内。读者如果对这个组合优化
NP 问题感兴趣,可以留在以后进行专门的学习和讨论。

5.3.5　最新的旅行商问题的 AI 算法

　　针对旅行商问题,前文提到的基于智群求解算法因泛化能力弱而在应用领域方面受
到较大的限制。为了克服这一局限性,本节将介绍目前求解 TSP 的典型 AI 算法(主要是
指基于机器学习的相关算法),即结合有监督学习、图模型以及强化学习机制,提供高质量
解决方案,从而显著提高训练模型的泛化能力。需要说明的是,本节提到的 AI 算法并不
能囊括近几年 TSP 问题研究的所有方面,只是抛出某些具体的求解思路,以引导读者做
更深入的研究与思考。

　　以机器学习为主流的 AI 方法不过度依赖专家知识,可以很容易地推广到各种组合
优化问题上,成为一个备受关注的研究方向。目前求解 TSP 问题的机器学习算法主要有
两个类别,即**监督学习**和**强化学习**。其中,监督学习(Supervised Learning,SL)算法主要
试图从预先计算好的大量 TSP 样例中提取一般的模式;强化学习(Reinforcement
Learning,RL)算法主要试图在没有预先计算的 TSP 样例的情况下,通过与环境的交互
过程学习求解方法。

　　本节结合近三年发表在全球人工智能顶会 AAAI 上的相关论文,给出监督学习与强
化学习相融合的大规模 TSP 问题解决方案。首先,介绍基于监督学习与强化学习融合的
TSP 问题整体流程;其次,给出监督学习获取 TSP 问题概率图的方法;最后,阐述强化学
习完成 TSP 最优路径的搜索方法。

1. 监督学习与强化学习的 TSP 问题整体求解流程

监督学习(SL)模型可以提供有用的模式信息,但训练样例与测试样例的分布相差较大,会导致训练 SL 模型计算性能急剧下降;而且,训练 SL 模型通常需要大量高质量的 TSP 样例,这又会带来计算代价过大的问题。因此,为了解决需要大量训练样例的问题,就有了图模型这一通用模式的方法。首先,给出带有注意力机制的图卷积残差网络(Att-GCRN),训练完成后,给定一个有 m 个结点的 TSP 样例;然后,根据图的边建立一个热力图,用来描述结点之间每条边属于该 TSP 最优路径的概率;而且,通过图状结构算法将SL 模型泛化到更大规模的 TSP 问题模型;关键是热力图中引入基于强化学习的算法,进一步搜索更高质量的路径。

总结来说,上述 TSP 的求解流程为:给定一个任意规模的 TSP 样例,AI 算法融合监督学习和强化学习等多个模块得到 TSP 优化路径,其中,SL 模块用预训练的模型和图状结构计算,为任意规模的 TSP 构建概率图,得出结点之间每条边属于该 TSP 最优路径的概率。最后,以概率图为 RL 模块的输入,进一步搜索寻优,输出 TSP 的最优路径。整体流程如图 5.22 所示。

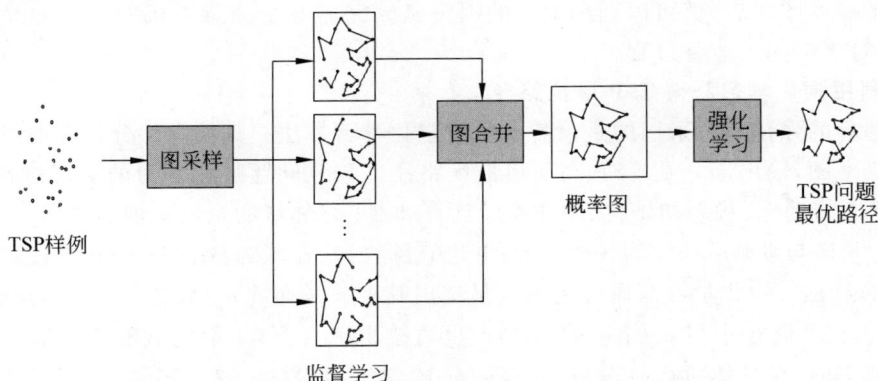

图 5.22　基于监督学习与强化学习的 TSP 最优路径

2. 利用监督学习获取 TSP 问题的概率图

通过注意力机制的图神经网络的预训练,就能完成构建 TSP 问题的带有 m 个结点的概率图。但是,当问题的规模大导致结点数急剧扩大时,预训练的模型便会失效。为了使模型能泛化到更大规模的场景,可以采用图采样和监督学习的图合并概率图来实现其泛化能力。

1) 图采样

图采样是对大规模的图 G 采用类似于分治法思路或者 MapReduce 框架拆分成多个带有 m 个结点的子图的过程。图采样划分子图的思想是:为了划分出分布较均匀的子图,查找采样中出现次数最少的结点,并以该结点为中心聚类,不断迭代。

图采样算法如下。

步骤 1:对于图 G 中每一个结点 $i \in V$, O_i 表示结点 i 在被采样子图中出现的次数,初始值为 0。

步骤 2：选择 O_i 最小的结点 i 作为聚类中心，并利用邻近算法提取一个包含 m 个结点的子图 G'，子图中的结点用 j 来表示，同时，$O_i = O_i + 1$。

步骤 3：用 O_{ij} 记录边 (i, j) 在子图 G' 中出现的次数，初始值为 0。

步骤 4：上述过程不断迭代，直至 O_i 中最小值达到设定的阈值，算法结束。

图采样后，还要经过图转换对采样后得到的子图中的结点分布进行修正。修正的方法是：训练集中每个样例中所有结点，随机地分布在一个单位方格内。此外，为了保证上述方格中子图 G' 符合训练集样例的分布要求，可以采用归一化方式将其转换为 G''。

2）监督学习的图合并

将上述转换的子图输入基于注意力机制的图神经网络中，并行输出 G'' 对应的概率图，合并多个概率图就得到原图 G 对应的概率图。图合并方法是：针对原图 G 的每一条边 (i, j)，计算其属于 TSP 最优路径的概率 P_{ij}：

$$P_{ij} = \frac{1}{O_{ij}} \times \sum_{i=1}^{l} P''_{ij}(l)$$

其中，$P''_{ij}(l)$ 表示在第 l 个子图 G'' 中边 (i, j) 属于 G'' 最优路径的概率。

有了概率图之后，就可以利用常见的损失函数完成基于注意力机制的图神经网络训练，实现对概率图的监督过程。

3. 利用强化学习获得 TSP 最优路径

本部分的强化学习采用的是蒙特卡罗树强化学习方法。其输入部分是上面监督学习生成的概率图，输出部分是 TSP 高质量最优路径。TSP 问题强化学习的实现过程包括 4 部分：状态与动作、状态初始化、动作奖励计算和 2-opt 邻域的全枚举搜索法。

（1）**状态与动作**：状态为一个完整的 TSP 路径；动作即为从一个 TSP 解转到另一个 TSP 解的过程。强化学习需做的决策就是选出其中一系列的 a_i 结点，当 a_i 结点确定后，在当前的 TSP 路径中与 a_i 相连的 b_i 结点也直接被确定下来，不用做额外的选择。为了节省存储空间，在具体执行时，当动作序列 $\boldsymbol{a}$ 确定后，将弧 (a_i, b_i) 删除，然后添加弧 (b_i, a_{i+1})。

（2）**状态初始化**：可采用贪婪随机搜索算法进行初始化，根据第 2 部分中得到的概率图中每条弧的概率分布来进行搜索。首先，选择一个状态点 π_1 作为当前状态，后续状态 $\pi_i(i \in 2, 3, \cdots, n)$，需要根据概率值 $P_{i,j}$ 的大小来进行选择。

（3）**动作奖励计算**：执行完一个动作之后，需要利用奖励机制选择出更好的状态，进而得到最优的结果。状态奖励计算方法为

$$\Delta(\pi, \pi^*) = \sum_{i=1}^{k} d_{b_i, a_{i+1}} - \sum_{i=1}^{k} d_{a_i, b_i}$$

其中，如果 $\Delta(\pi, \pi^*) < 0$，则说明新的状态 π^* 要优于过去的状态 π。

（4）**邻域搜索法**：邻域搜索法采用的是 2-opt 邻域全枚举（也称 2-exchange），是二元小邻域优化方法。即图上的一条路线是一个环，2-opt 算法就是在两个环上交换一对边，并且保持剩下的结点的访问的先后顺序不变。对于 TSP 问题，可以将所有 2-opt 小邻域对应的解全部枚举出来，之后通过强化学习在这些邻域中选择出最优的解决方案，从而能够快速收敛到一个局部最优解。

本节介绍的求解 TSP 的 AI 算法是监督学习和强化学习相融合的方法,过程是:TSP 样例→图采样→监督学习→图合并→强化学习的最优路径等。在这些过程中,应用了分治法、监督学习中注意力机制的图神经网络和蒙特卡罗树强化学习法(其中还包括贪婪随机搜索算法和 2-opt 邻域全枚举搜索方法)。通过这一节的学习,读者会发现无论是新的 AI 算法还是经典的方法,二者都是相互渗透互相包含的关系。因此,基础理论和实际应用是相辅相成同样重要的。

小　　结

本章的内容可以说是数据结构知识的应用篇,用前面 4 章的基础知识来解决一些与数据结构相关的应用问题。例如,在初阶应用篇中,介绍经典的数据的排序和查找方法。但是,作者认为仅通过排序和查找问题来引导读者运用学到的数据结构的知识,还是不够的。因此,本书独创地加入了现在很火的人工智能算法的内容,作为数据结构知识的进阶应用篇。为了由浅入深,以旅行商问题作为切入点,把各种人工智能算法解决旅行商问题的方法展现出来。如果读者还意犹未尽,那么,就希望能够抛砖引玉,以后大家一起努力进行更深入的探索!

附录 A 英汉术语对照表

第 1 章 绪论

数据(data)

数据元素(data element)

二元组(2-tuples)

数据关系(data relationship)

抽象数据类型(Abstract Data Type,ADT)

数据结构(data structure)

逻辑结构(logical structure)

线性结构(linear structure)

树状结构(tree structure)

图状结构(graph structure)

物理结构(physical structure)

顺序存储(sequential storage structure)

链式存储(linked storage structure)

算法(algorithm)

时间复杂度(time complexity)

空间复杂度(space complexity)

第 2 章 线性数据结构

线性表(linear list)

顺序表(sequential list)

线性链表(linear linked list)

单链表(singly linked list)

循环链表(circular linked list)

双向链表(doubly linked list)

数组(array)

指针(pointer)

头指针(head pointer)

结点(node)

头结点(head node)

栈(stack)

栈顶(top)

栈底(base)

队列(queue)

队头（front）

队尾（rear）

循环队列（circular queue）

先进先出（First-In-First-Out，FIFO）

后进先出（Last-In-First-Out，LIFO）

第 3 章　树状数据结构

二叉树（binary tree）

子树（subtree）

满二叉树（full binary tree）

完全二叉树（complete binary tree）

平衡二叉树（balanced binary tree）

先序遍历（preorder traversal）

中序遍历（inorder traversal）

后序遍历（postorder traversal）

回溯（backtracking）

森林（forest）

根结点（root）

孩子结点（children）

双亲结点（parent）

兄弟结点（sibling）

叶子结点（leaf）

前驱（predecessor）

后继（successor）

度（degree）

入度（in-degree）

出度（out-degree）

有序树（ordered tree）

无序树（unordered tree）

哈夫曼树（Huffman tree）

哈夫曼编码（Huffman code）

判定树（decision tree）

第 4 章　图状或网状数据结构

图（graph）

有向图（digraph）（directed graph）

无向图（un-digraph）（undirected graph）

子图（subgraph）

顶点(vertex)

边(edge)

稀疏图(sparse graph)

稠密图(dense graph)

权(weight)

路径(path)

网(network)

回路(circuit)

连通图(connected graph)

强连通图(strongly connected graph)

连通分量(connected components)

生成树(spanning tree)

生成森林(spanning forest)

邻接矩阵(adjacency matrix)

十字链表(orthogonal list)

深度优先遍历(Depth-First Search,DFS)

广度优先遍历(Breadth-First Search,BFS)

最小生成树(minimal spanning tree)

最短路径(shortest path)

拓扑排序(topological sort)

AOV 网(Activity On Vertex network)

关键路径(critical path)

旅行商问题(Traveling Salesman Problem,TSP)

第 5 章　数据结构的应用

排序(sort)

内部排序(internal sort)

外部排序(external sort)

选择排序(selection sort)

简单排序(simple sort)

插入排序(insertion sort)

直接插入排序(straight insertion sort)

折半插入排序(binary insertion sort)

希尔排序(Shell sort)

快速排序(qksort,quick sort)

先进排序(advanced sort)

堆排序(heap sort)

归并排序(merge sort)

基数排序（radix sort）

链式基数排序（linked radix sort）

拓扑排序（topological sort）

查找（search）

顺序查找（sequential search）

静态查找（static search）

动态查找（dynamic search）

哈希查找（Hash search）

哈希表（Hash table）

哈希函数（Hash function）

冲突（collision）

开放定址（open addressing）

链地址法（chaining）

直接定址（immediate allocate）

数字分析（digital analysis）

平方取中（mid-square）

折叠（folding method）

除留取余（division remainder）

人工智能（Artificial Intelligence，AI）

蚁群算法（Ant Colony Optimization，ACO）

遗传算法（Genetic Algorithm，GA）

粒子群算法（Particle Swarm Optimization，PSO）

拟蛇人工智能算法（snake simulated artificial intelligence algorithm）

有监督学习（Supervised Learning，SL）

强化学习（Reinforcement Learning，RL）

参 考 文 献

[1] 严蔚敏，吴伟民. 数据结构(C语言版)[M]. 北京：清华大学出版社，2020.

[2] CORMEN T H，LEISERSON C E，RIVEST R R，et al. 算法导论[M]. 北京：清华大学出版社，2017.

[3] 李春葆. 数据结构教程(上机实验指导)[M]. 北京：清华大学出版社，2017.

[4] 丁世飞. 人工智能[M]. 北京：清华大学出版社，2023.

[5] 屈婉玲，耿素云，张立昂. 离散数学[M]. 北京：高等教育出版社，2015.

[6] 司守奎，孙玺菁. 数学建模算法与应用[M]. 3版. 北京：国防工业出版社，2021.

[7] 朱战立. 数据结构(C++语言描述)[M]. 2版. 北京：高等教育出版社，2015.

[8] REEK K A. C和指针[M]. 徐波，译. 北京：人民邮电出版社，2008.

[9] ÜÇOLUK G. Genetic algorithm solution of the TSP avoiding special crossover and mutation[J]. Intelligent Automation & Soft Computing，2002，8(3)：265-272.

[10] 田贵超，黎明，韦雪洁. 旅行商问题(TSP)的几种求解方法[J]. 计算机仿真，2006，(08)：153-157.

[11] FU Z H，QIU K B，ZHA H. Generalize a small pre-trained model to arbitrarily large TSP instances[C]//Proceedings of the AAAI Conference on Artificial Intelligence. 2021，35(8)：7474-7482.